羊舍外活动场

规模化集约化养羊

生态养羊

羊场郊区选址

羊群采食农作物收割后的农田秸秆

羊群放牧

粉碎后的秸秆料

竹片式漏缝地板

种草养羊

试情

秸秆青贮制作

秸秆利用（粉碎秸秆与颗粒料混合用于饲喂）

秸秆喂羊

羊活动场外排水渠

体尺测量

饲喂花生壳

青贮料饲喂

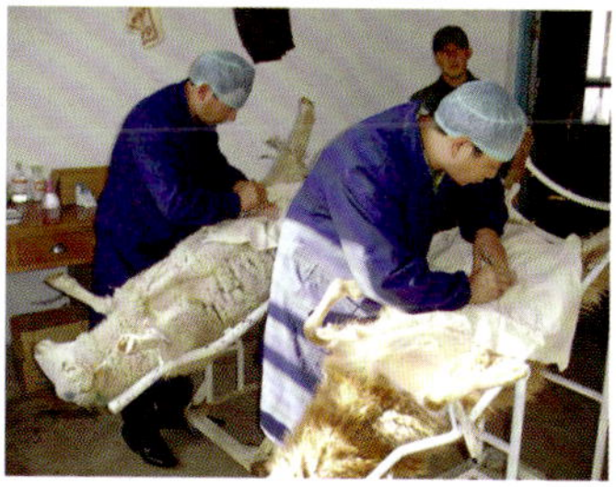

胚胎移植

补饲槽

羊舍间化粪池

水泥漏缝地板

清粪池

高床养羊自动清粪

发酵后装袋的羊粪肥

畜禽生态养殖系列

肉羊生态养殖关键技术

主编　王利红

河南科学技术出版社

·郑州·

图书在版编目（CIP）数据

肉羊生态养殖关键技术/王利红主编．—郑州：河南科学技术出版社，2015.11

ISBN 978-7-5349-7980-4

Ⅰ.①肉…　Ⅱ.①王…　Ⅲ.①肉用羊-饲养管理　Ⅳ.①S826.9

中国版本图书馆 CIP 数据核字（2015）第 244054 号

出版发行：河南科学技术出版社
　　　　　地址：郑州市经五路 66 号　　邮编：450002
　　　　　电话：（0371）65737028　65788613
　　　　　网址：www.hnstp.cn
策划编辑：陈淑芹　陈　艳
责任编辑：张　鹏
责任校对：马晓灿
封面设计：张　伟
版式设计：栾亚平
责任印制：张艳芳
印　　刷：郑州金秋彩色印务有限公司
经　　销：全国新华书店
幅面尺寸：140 mm×202 mm　印张：8.75　字数：220 千字　彩页：4 面
版　　次：2015 年 11 月第 1 版　2015 年 11 月第 1 次印刷
定　　价：18.00 元

如发现印、装质量问题，影响阅读，请与出版社联系并调换。

本书编写人员名单

主　　编　王利红

副 主 编　闫益波　张　伟

编写人员　（以姓氏笔画为序）

王利红　王宗海　刘　建

刘田勇　闫益波　李大勇

李玉春　李世常　李连任

张　伟　张凤娟　武玉艳

金　文　顾月琴

前　言

我国是世界第一大羊肉生产国，在羊肉产量、羊肉消费和养羊数量上均居世界首位，但主要为粗放型的传统养殖模式，不仅资源利用率低、生产效率低，而且给农牧区造成生态环境系统的破坏，无法实现养羊业的可持续健康发展。近年来，各级政府结合当地经济和环境资源现状，对养羊业积极开展产业结构调整，农区正逐渐改变以往存在的良种覆盖率低、养殖方式粗放、饲喂不科学、加工流通企业规模偏小等弊端，向高产、优质、高效、生态、安全方向发展；草原牧区则广泛推行禁牧、休牧、轮牧等草原生态保护建设措施，肉羊养殖由粗放的放牧方式逐步向舍饲和半舍饲的科学养殖模式转变。

肉羊生态养殖模式是一种以农、牧结合，保持生态平衡、保证食品安全、提高肉羊养殖效益的可持续发展养殖模式，是符合国家对食品安全和环境保护法律法规要求，也是肉羊产业走健康、绿色养殖道路的必然选择。

在国家肉羊产业转型升级的大好形势下，本书的编写结合我国养羊业发展实际，参阅大量文献资料和国家有关的法规政策，按照生态养殖要求，围绕肉羊养殖产业链，系统介绍了羊场选址、羊舍建筑、肉羊选育、肉羊营养需求、日粮配合、农牧结合生态养羊、污物处理及利用、羊病防治、肉羊屠宰检验、羊肉产品加工等，以期充分体现肉羊生态养殖各环节关键技术要点，为广大肉羊养殖及肉品生产加工企业员工、畜牧工作者、农业院校师生提供参考，为我国肉羊产业早日实现经济效益、食品安全、环境生态协调发展出一份力。

由于我国肉羊生态养殖还在不断探索和发展中，加之我们水平有限，不妥之处，敬请广大读者批评指正。

编者

2015 年 3 月

目　录

第一章　肉羊生态养殖模式

随着我国居民对肉羊饲养效率、羊肉品质和养羊业与环境关系等方面的重视，《全国节粮型畜牧业发展规划（2011—2020年）》《全国现代农业发展规划（2011—2015年）》等政策的出台，为肉羊业发展提供了良好的政策环境。此外，近年来羊肉价格持续攀升，促进了肉羊产业发展，提高了农民养羊积极性。虽然，目前我国肉羊业面临政策和市场两方面的利好，但产业化发展程度仍不高，仍以散养为主，生产能力有限，标准化生产水平低，仍未形成养殖、生产、加工、销售紧密结合的产业化模式，产业链条有待延伸和拓展。

肉羊生态养殖模式是利用自然界物质循环系统，在一定的肉羊养殖空间和区域内，通过相应的技术和管理措施，使不同生物在同一环境中共同生长，以保持生态平衡、提高肉羊养殖效益的一种可持续发展的养殖方式。这种模式是目前肉羊产业发展最迫切需要的生产模式，是肉羊产业摆脱环境污染、资源浪费、肉羊生产性能低和草地退化，走健康、绿色养殖业道路的必然选择，符合国家节能减排、转变经济增长方式、发展环境友好型养殖业的战略方针，是支撑我国肉羊生态高效养殖的关键。

我国现有的肉羊生态养殖模式主要有两种类型。一种是以肉羊养殖为中心，向前延伸到饲草料环节，向后延伸到肉羊养殖的废弃物处理环节，延长肉羊养殖的产业链，在获取最大经济效益的同时注重肉羊与环境之间的健康、协调、可持续发展，主要有“有机肥生产+种养”结合模式和沼气利用模式。另一种是根据肉羊产业区域分布及肉羊生产的特点，划分为牧区放牧肉羊生态养殖、农区或半农半牧区秸秆利用肉羊生态养殖、南方草山草坡放牧肉羊生态养殖和人工草地系统肉羊生态养殖四种生产模式。

一、以肉羊养殖为中心的生态养殖模式

（一）“有机肥生产+种养”结合模式

“有机肥生产+种养”是指将肉羊养殖所产生的粪便加工成有机肥，用于种植施肥，提高土壤肥力，达到粮食高产、稳产的目的，其特点是养畜积肥、肥多粮多。在养殖场（区）附近建设有机肥加工厂，将羊粪与农作物秸秆粉混合，通过堆积发酵加工成有机肥。养殖场（区）在小区周边建有林果、瓜菜基地或牧草基地，通过将粪污无害化处理后用作林果、果菜基地的有机肥，实现种养平衡。这种模式也可称为“林—草—羊”立体肉羊生态养殖模式。

这种模式中的林间套种优质牧草，一是可以带动大规模肉羊养殖，降低成本，提高经济效益；二是可以将牧草加工成干粉或草捆，解决淡季羊群优质牧草缺乏的问题，大规模种植还可实现牧草产业化；三是可以保护生态环境、发展生态农业以及增加有机肥来源。该模式在江苏省灌河流域广为应用。另外，在果业较发达的河南省，也衍生出了“果—草—羊”和“葡萄—草—羊”的生态养殖模式，即在果园中种植一些绿肥作物，如苜蓿、苕子等，或燕麦草与三叶草混播。而肉羊生产的有机肥是果树生产首选的优质肥料之一，这样果树和肉羊生产都能提高经济效益，同时一方面充分利用果树下的土地，另一方面有效地解决了肉羊养殖的粪污问题。除此之外，在浙江杭州地区还存在“梨—草—羊”的生态肉羊发展模式。

近些年，上海永辉羊业有限公司摸索出的“草喂羊—羊出粪—粪肥田—田育草”的生态肉羊养殖模式，很好地解决了城郊肉羊产业存在的环境污染问题，该模式的主要内容有：农作物秸秆制作青贮饲料，配合自产的优质干草饲喂湖羊，以湖羊羊粪为主要原料生产有机羊粪，羊粪除供公司的饲料基地外，还供给有机蔬菜和优质葡萄生产基地等单位使用。这样种草养羊、羊粪肥田，循环往复，充分利用，不仅降低了生产成本，而且保护了环境和水体资源不受污染，同时改善了种植业和养殖业的生态环境，结果是良性循环，相得益彰，实现了生态效益和经济效益的良性结合。

在山羊生态养殖中，陕西省总结出了“黄龙羊业发展模式”，该模式包含以下四方面的内容：一是林牧结合，栽植核桃树和饲养肉用山羊相结合；二是林草结合，在核桃树间种植黑麦草；三是以林养牧，用核桃的收入支持养羊业；四是以牧养林，用有机羊粪肥田，发展核桃、牧草和特色种植业。

邓玉林等对三峡库区的开县进行不同生态农业模式效益的田间对比实验，表明“果—草—羊”的生态农业模式与单纯果园或“果—菜”结合等传统农业模式相比，能显著改善土壤物理形状，增强土壤保蓄水力，提高土壤肥力，同时能有效地减少果园病虫害的发生。

（二）沼气利用模式

沼气利用模式一般通过对养殖场（区）配套建设沼气治污工程，羊粪尿能够被微生物发酵分解转化而产生沼气，在发酵的过程中，病原菌、寄生虫卵减少95%以上。沼气可用作能源，沼液则是一种速效有机肥料，剩余的废渣还可以返田增加肥力，改良土壤，防止土地板结，实现综合利用，变废为宝、化害为利。如裴学义等提出的“种草—建圈—养畜—沼气—肥田—增收”的生态循环经济模式（图1-1）。这种模式以产业链延伸和构成闭合链条为主线，综合利用农牧业的可利用资源，发展生态型农牧业。其过程包括三个大的环节：养羊、沼气池建设和种植业。三个大环节相互利用，互相链接。该模式的循环流程以农民增收、农牧业增效、减少环境污染为目的，以沼气为纽带，以养羊为基础，以沼液作为肥料进行农牧业的循环生产。

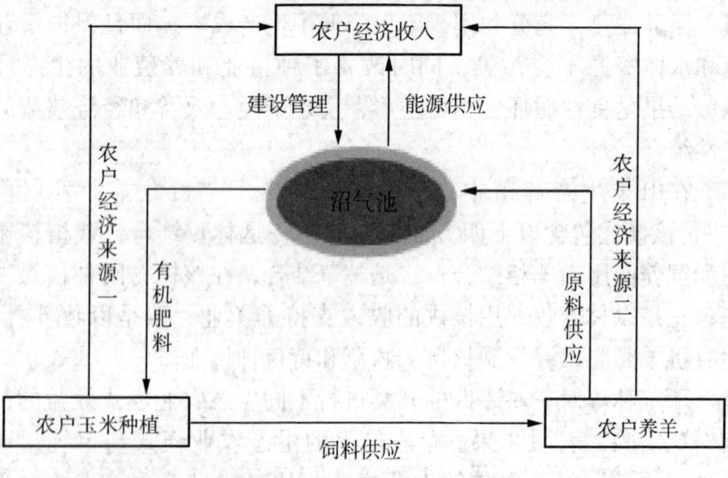

图 1-1 肉羊生态循环经济模式

（引自：裴学义等，《当代畜牧》，2011）

2012 年，江苏省也将沼气引入到肉羊生态养殖模式中，开展了“鲜食玉米—羊—沼气—牧草”的循环农业模式的高效配套技术研究。该模式中的生物链是鲜食玉米秸秆或牧草饲喂羊→羊粪及残饲进入沼气池发酵→沼液回归牧草肥田→沼渣作鲜食玉米或牧草生长的有机肥，主要产品是鲜食玉米和肉羊。模式中生物链周而复始地循环，优质农产品持续不断地被生产出来，农业生态环境不断地得到修复和改善。

叶旭君等以杭州市浮山综合生态场为例，分析了该场沼气工程的设计和系统结构及各组分之间的相互关系，提出以沼气工程为纽带的生态农业工程模式，实现了资源的多层次利用，取得了显著的生态、经济和社会效益。

二、以产业区域分布为依据的肉羊生态养殖模式

（一）牧区放牧肉羊生态养殖生产模式

牧区肉羊生态养殖模式即牧区放牧肉羊生态养殖的生产模式，是指利用牧区广阔的草原，在人为因素的作用下，使羊只在草地上不受限制地采食牧草并将其转化为畜产品，且能较好地维持草地生态环境的一种肉羊生态养殖的生产模式。肉羊品种以绵羊为主，此生产模式的优点是充分适应羊的生物学特性，利用天然草地放牧养羊，大大降低了养羊的生产成本。羊只在放牧过程中得到充分的运动，并接受阳光中紫外线照射和各种气候条件的锻炼，生长发育好、抗病力强，羊肉品质较好。此生产模式的缺点是肉羊生长速度慢，管理不善易造成草地“三化”（退化、沙化、盐碱化）问题。此模式主要分布在北方牧区，如内蒙古呼伦贝尔、西藏、甘肃、青海和新疆等地。这些地区拥有较好的自然草场条件，草地面积大并且连接成片，但草地生产力不高，牧草品质偏低。

（二）农区或半农半牧区秸秆利用肉羊生态养殖生产模式

农区或半农半牧区肉羊生态养殖模式即农区或农牧交错地区利用农作物秸秆发展肉羊生态养殖生产模式，是指通过利用农作物秸秆和农副产品，根据羊的不同生理需求，添加一定精料进行饲喂养羊的一种生态养殖模式。此生产模式的优点是通过对农区作物秸秆加工处理来养羊，降低养羊成本，增加养羊效益，实现作物秸秆第二次增值；通过羊的过腹还田，改善土地生产力，减少资源浪费和因焚烧而造成的环境污染，促进农牧业可持续发展和良性循环。此模式主要分布在农区、农牧交错地区，如河南、河北、安徽、陕西、山西、山东等省。这些地区农作物秸秆、农

副产品资源十分丰富。羊只以舍饲为主，小规模的养殖户辅以放牧饲养。

（三）南方草山草坡放牧肉羊生态养殖生产模式

南方草山草坡放牧肉羊生态养殖的生产模式，是指在南方草地草坡上，在人为因素的作用下，通过放牧使得羊只在草地上自由采食，从而生产畜产品的一种肉羊生态养殖的生产模式。肉羊生态养殖以山羊为主，此生产模式的优点是充分利用南方尚未开发利用的草山草坡放牧养羊，降低养羊的生产成本；充分适应山羊喜攀登陡坡等特性，山羊在放牧过程中得到锻炼，羊的生长发育良好、抗病力强、羊肉品质好。缺点是肉羊生长速度慢。这种饲养方式主要分布在贵州、广西、云南等省山区。草地资源丰富，单位面积生物量高，但草地较分散、面积小，因此饲养规模较小。

（四）人工草地系统肉羊生态养殖生产模式

人工草地系统肉羊生态养殖生产模式，是指在天然植被完全破坏的草地上，利用农业综合技术播种，建植新的人工草本群落，并对其进行科学养羊的一种生产肉羊的模式。根据草地利用方式不同可分为以放牧为主的肉羊生态养殖模式和以刈割为主的肉羊生态养殖模式两种。此生产模式的优点是通过播种建植人工草地，可提高单位面积草地牧草产量和质量，有利于肉羊生长发育和生产，可实现生态环境保护与经济效益双丰收。这种模式在全国各地均有分布。只要草地生长较好、气候条件较好，均可发展。

第二章　肉羊生态养殖场设计与建造

第一节　肉羊生态养殖场场址的选择

肉羊生态养殖场场址选择是肉羊生产的开始，不仅要根据肉羊场的经营方式（单一经营或综合经营）、生产特点（种羊场或商品场）、饲养管理方式（舍饲或放牧）以及生产集约化程度等特点，而且要与人们的消费观念、消费水平、肉羊生产的区域性、地方发展的方向以及资源利用等情况相结合。近几年来，羊的传染病的发生及排泄物对环境造成的污染正逐渐引起人们的重视，因此，要对肉羊养殖场地形、地势、水源、土壤、气候，以及饲料和能源供应、交通运输、废弃物处理等进行全面考虑。一个理想的场址应具备以下条件。

一、地势高燥，地形平缓

羊有喜干燥厌潮湿的生活习性。如羊长期生活在低洼潮湿环境中，不仅影响生产性能的发挥，而且容易引发一些疾病，此外，羊场建在地势低洼处，则易积水而潮湿泥泞，降低畜舍保温隔热性能和使用年限，且夏季羊舍通风不良，空气闷热，易滋生蚊蝇和微生物，冬季则阴冷。因而，羊场场地应选择地势高燥（高出当地历史洪水线 1 米 以上，地下水位在 2 米以下，对畜禽机体健康和生长、生产有利），平坦，有缓坡（坡度一般以 1%～

3%为宜，最大不超过25%，土质以沙壤土为好。如在坡地建场，则要求背风向阳，因为我国冬季盛行北风或西北风，夏季盛行南风或东南风，所以向阳坡夏季迎风利于防暑，冬季背风可减弱冬季风雪的侵袭，对场区小气候有利。

二、饲草饲料资源丰富

饲草饲料是肉羊赖以生存的物质基础。建肉羊场要考虑有稳定的饲料供给，如放牧地、饲料生产基地、打草场等。以舍饲为主的肉羊场，必须有足够的饲草饲料基地和便利的饲料原料来源；以放牧为主的羊场，必须有足够的放牧场地和打草场。切忌在草料缺乏或附近无放牧场的地方建肉羊场。

三、水电充足，水质良好

在羊场生产过程中，人畜的饮水、饲料的清洗与调配、羊舍和用具的洗涤、畜体的洗刷等，都需要使用大量的水，而水质的好坏直接影响人、畜健康和畜产品质量。因此，要求：①水量充足，满足场内人员生活用水、肉羊饲养管理用水、绿化用水、消防用水等各项用水；②水质良好，人员用水符合《生活饮用水水质标准》（GB 5749—2006），肉羊饮用水符舍《无公害食品 畜禽饮用水水质标准》（NY 50278—2001）；③便于防护，不易受污染；④取用方便，处理技术简单。人员用水可按每人每天24~40升计算，成年羊每头每天的饮水量一般为10升，1岁以前的羊每头每天为3升。切忌在严重缺水或水源严重污染的地方建立羊场。

集约化程度较高的大型羊场，必须具备可靠的电力供应。应尽量靠近原有输电线路，缩短新线架设距离，最好采取工业用电和居民用电两路供电，同时配置发电机。

四、符合防疫卫生要求

（一）地理位置

肉羊场应选在居民点的下风向，避开污水排放口。羊场与居民点的距离，一般养殖场应不小于500米，大型肉羊场应不小于1 000米（图2-1）。如周围有化工厂、屠宰场、制革厂等易造成环境污染的企业，则羊场应建在上风向，并远离它们。

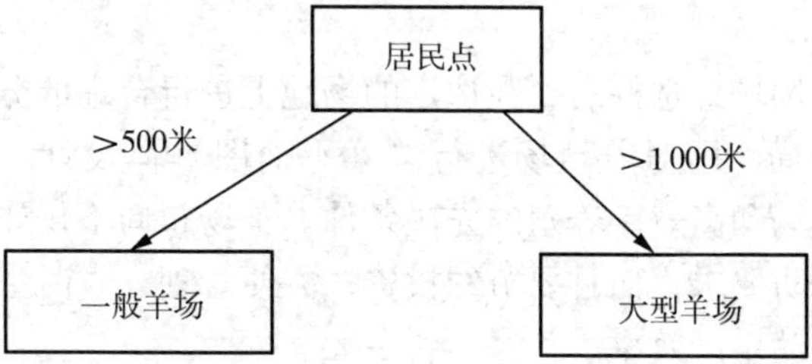

图2-1　肉羊养殖场与居民点间的间距

（二）交通条件

肉羊场要求交通便捷，特别是大型集约化的商品羊场，饲料、产品、粪尿废弃物运输量很大，应保证交通方便，但肉羊场交通干线往往又是疫病传播的途径，所以，在选择场址时，既要考虑到交通方便，又要使羊场与交通干线保持适当的间距。一般距交通干线不小于1 000米，距一般道路不小于500米。

五、合理征用土地

选择场址必须符合本地区农牧业生产发展总体规划、土地利用发展规划和城乡建设发展规划的用地要求。必须遵守“十分珍惜和合理利用土地”的原则，不得占用基本农田，尽量利用荒地和劣地建场。大型养殖企业分期建设时，场址选择应一次完成，分期征地。近期工程应集中布置，征用土地满足本期工程所需面积，远期工程可预留用地，随建随征。征用土地可按场区总平面设计图计算实际占地面积。以下地区或地段的土地不宜征用：①规定的自然保护区、生活饮用水水源保护区、风景旅游区。②受洪水或山洪威胁及有泥石流、滑坡等自然灾害多发地带。③自然环境污染严重的地区。

第二节　生态肉羊养殖场的布局

养殖场场址选好后，在选定的场地上进行合理的分区规划和建筑物布局，即对养殖场进行总（平面图）体设计。这是建立良好养殖场和高效率养殖的先决条件。羊场布局不仅要符合防疫卫生和消防要求，而且要节约投资，方便管理，省时省工，有利于提高劳动生产效率。

一、生态肉羊场的布局原则

生态肉羊场的布局原则如下：①羊舍及各种建筑物的布局不仅要合理配置，符合长远规划的要求，而且要方便管理，有利于整体工作的提高，力求最短化运输、供电、供水系统。②充分考虑主导风向与各区间的上下游关系，有利于做好防疫灭病工作，严防疫病的发生和传播。③符合作业流程，即羊的饲养管理与繁殖，羔羊的培育，育肥羊群的饲养管理，饲料的运输、储存、加工、调制、分发，以及羊舍清扫、粪尿清除、疫病防治等环节流转顺畅，减少无谓的劳动消耗。④合理利用地形、风向和光照，充分利用平缓的坡地，利于排水，保持羊舍干燥。在寒冷地区羊舍应避开主风向口，尽量缩小迎风面；在炎热地区，应充分利用主风向，进行通风降温。羊舍应坐北朝南，便于采光保温。⑤投资最省，就地取材，降低工程造价和设备投资，便于施工，且符合消防规定。

二、生态肉羊场场区的布局

在进行场地规划时，应充分考虑未来的发展，在规划时留有余地。肉羊场场区分为生活区、管理区、生产区和隔离区。各区的位置，应从人、畜卫生防疫和工作方便的角度考虑，根据场地地势和当地全年主风向，按图 2-2 所示的模式顺序安排各区。畜牧场每个功能区建筑物和设施功能之间的联系如图 2-3 所示。占地面积估算可按存栏基础母羊计算：占地面积为 15~20 米^2/只，羊舍建筑面积为 5~7 米^2/只，辅助和管理建筑面积为 3~4 米^2/只。按年出栏商品肉羊计算：占地面积为 5~7 米^2/只，羊舍建筑面积为 1.6~2.3 米^2/只，辅助和管理建筑面积为 0.9~1.2 米^2/只。

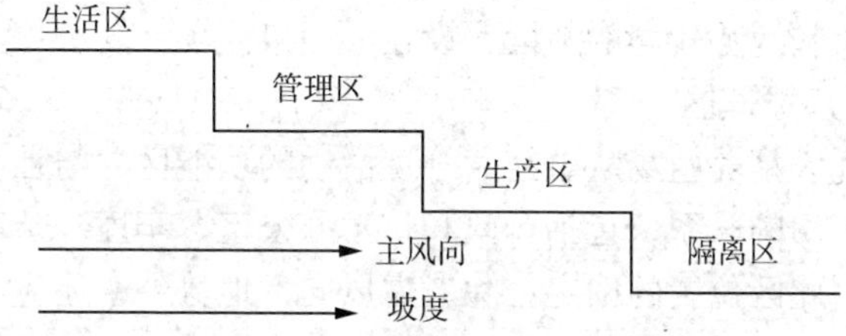

图 2-2　肉羊养殖场依地势、风向配置模式

肉羊养殖场的主要建筑物有羊舍、病羊舍、饲料库、饲料加工间、兽医室、车库、办公室和生活用房等。道路分主干道和支干道，主干道因与场外运输线连接，其宽度为 5~6 米，支干道为 2.5~3 米，路面坚实，排水良好，道路两侧有排水沟并植树。给水系统最好通过自来水管道输送到羊场各个地方，如打井供水，则要经沉淀和消毒后使用。排水系统多设在道路的两旁，一般用大口径暗管道埋于冻土层以下，以免受冻阻塞，以减少污物

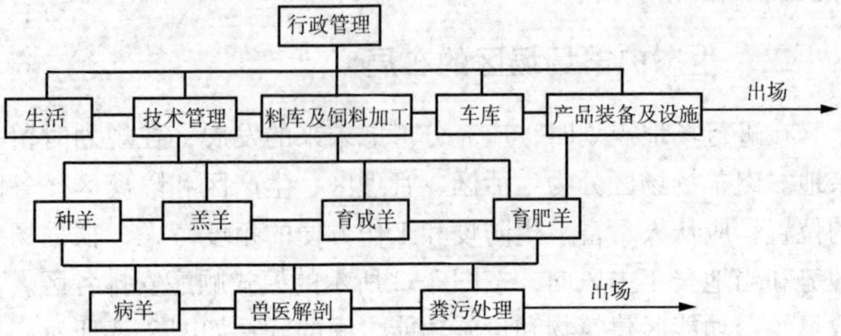

图 2-3　肉羊养殖场区建筑物和设施的功能关系

积存。羊场四周应建有围墙或坚固的防疫沟，以防外来人员及其他动物进入场内。羊场大门口及各羊舍入口处，应设消毒池或消毒室、更衣室等。

（一）生活区

生活区包括职工宿舍、食堂、文化娱乐设施等，应位于养殖场的上风和地势较高的地段，设在大门口或场外。

（二）管理区

管理区是养殖场从事经营管理活动的功能区，与社会环境具有极为密切的联系，包括行政和技术办公室、车库、杂品库、配电室等。此区位置的确定，除考虑风向、地势外，还应考虑将其设在与外界联系方便的位置。此外，负责场外运输的车辆严禁进入生产区，其车棚、车库应设在管理区。待出售的畜产品仓库及其他杂品库均在管理区。

（三）生产区

生产区是养殖场的核心区，包括肉羊舍、饲料调制和储存。此区应设在养殖场的中心地带。规划时应从育种、繁殖、羔羊培育到商品羊群生产全过程考虑。如自繁自养养殖场应将种羊（包括基础繁殖群）、羔羊与商品羊群分开。通常将种羊、羔羊设在防疫比较安全的上风处和地势较高处，然后依次为育成羊、商品羊。

1. 肉羊舍　肉羊舍分为种羊舍、母羊舍、育成羊舍、育肥羊舍和产羔羊舍等，呈平行整齐排列，如栋数少，可呈一列排列，栋数多则两列配置，羊舍高度2~2.5米，窗户与羊舍面积之比为1∶(12~15)，羊舍之间相距10~12米，以便于运输，利于通风采光。产羔羊舍应设在靠近母羊舍的下风处，或者在成年母羊舍内隔出产房。

2. 运动场　运动场一般设在羊舍的南面，以前排羊舍的后墙和后排羊舍的前墙之间的空地作为运动场，低于羊舍地面60厘米以下，向南缓缓倾斜，以利于排水和保持干燥，夏季炎热地区羊舍及运动场应有遮阴设施。四周设围栏或砌墙，其高度为1.2米，按每只成年羊10平方米估算。

3. 饲料加工车间　为了防疫安全，又便于外面车辆将饲料运入和饲料成品送往生产区，应将饲料加工车间和料库设在该区与生产区隔墙处，离饲料仓库最近，且靠近羊舍，最好设于各羊舍的中间位置，并靠近大门，以方便车辆往返。但对于兼营饲料加工销售的综合型大场，则应在保证防疫安全与生产区保持方便联系的前提下，独立组成饲料生产小区。

4. 饲料仓库　饲料仓库适用于规模较大或以舍饲为主的羊场，室内要通风良好、清洁、干燥。夏季要防潮湿霉变。库房地面及墙壁要平整，四周设有排水沟，建筑形式可以是封闭式、半敞开式或棚式。用于储存精料原料、混合精料、预混料和添加剂。

5. 青贮窖（塔）　青贮窖、青贮塔等（图2-4）适合规模大的羊场，应建于成年羊舍旁，地势高燥、排水良好的地方，以便于取料，位置要既便于青贮原料从场外运入，又要避免外面车辆进入生产区。规模小的可建青贮窖或用塑料袋青贮。

（1）青贮塔：用砖、水泥、钢筋等原料砌筑而成的永久性塔形建筑。塔的高度应根据设备的条件而定，有自动装原料青贮切碎机条件的，可以建高达8~10米的青贮塔，甚至更高的青贮塔。适用于在地势低洼、水位高的地区及大型牧场或城市郊区使用。

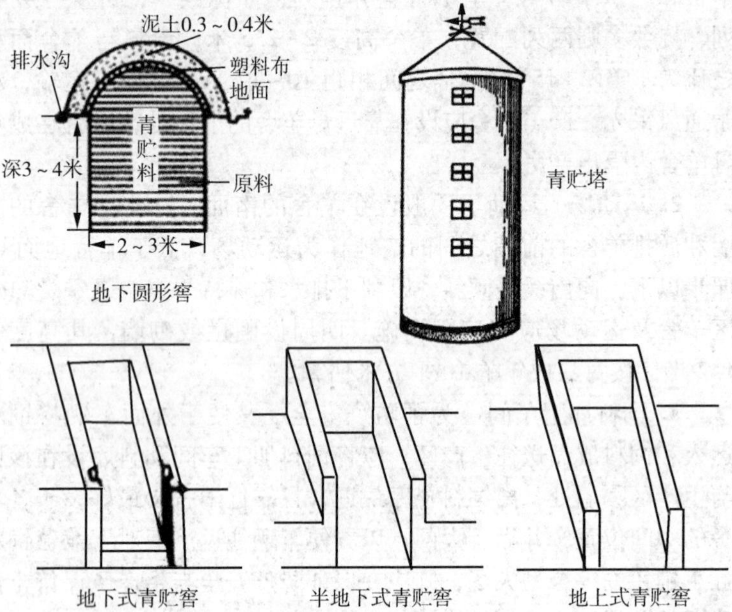

图 2-4 青贮窖（塔）

（引自：赵有璋，《羊生产学》，2002）

（2）青贮窖：根据其在地面的位置分地下式、半地下式和地上式。根据其形状又有圆形与长方形之分。一般在地下水位比较低的地方，可使用地下式青贮，而在地下水位比较高的地方，宜建半地下式和地上式青贮。青贮原料多时，可采用长方形窖。一般深1.5～3.5米，长度可根据需要确定。建长方形窖时，窖的四角必须做成圆弧形，便于青贮料下沉，排出残留气体。地下式、半地下式青贮窖内壁要有一定斜度，一般要求口大底小，以防窖壁倒塌，可用砖、石、水泥等原料将窖底、窖壁砌筑起来，以保证密封和提高青贮效果。如在地面上建窖，呈长方形，长、宽可根据原料多少来确定，同样用砖、石、水泥砌筑。当青贮原料少时，最好建造圆形窖。因为圆形窖与同样容积的长方形窖相比，窖壁面积要小，储藏损失小。一般圆形窖的大小以直径 2 米、窖深 3 米为宜。

6. 干草和垫草的堆放场所　用于大量储备干草、农作物秸秆、垫草的堆放场所，必须设在生产区的下风向，远离居民点，距羊舍较远处，以防火（与其他建筑保持在 60 米以上的防火间距）防尘，同时，考虑场外运送干草、垫草的车辆避免进入生产区。在羊舍周围另设堆草圈，以便冬春季饲草取用与肉羊补饲。堆草圈应建在高燥之地，并设有排水道，可用砖、土坯、栅栏或网栏制成，圈顶盖以遮风雨的材料。

7. 人工授精站　人工授精站适用于大中型羊场，包括采精室、精液处理室、输精室，其面积分别为 8~12 平方米、10~12 平方米、20~25 平方米。要求保温、明亮、空气清新，水泥地面（图 2-5）。有足够的面积，采光系数不小于 1∶15。

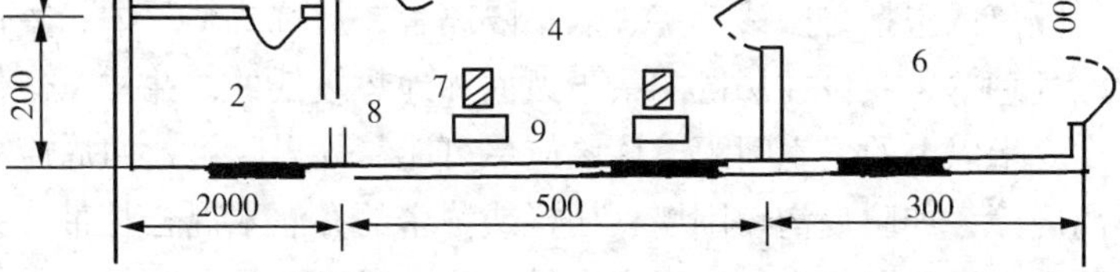

图 2-5　人工授精站平面（单位：厘米）

1. 授精室　2. 精液检查室　3. 输精等待室　4. 输精室　5. 储藏室
6. 已输精母羊室　7. 输精架　8. 送精窗口　9. 输精坑

（引自：岳文斌，《生态养羊技术大全》，2006）

8. 药浴池 药浴池一般用水泥筑成，形状为长方形水沟状，池深1米左右，长10~15米，底宽30~60厘米，上宽60~100厘米（图2-6）。池的入口端为陡坡，出口一端用石、砖砌成或栅栏围成储羊圈，另一端设滴流台，羊出浴后，可在滴流台上停留片刻，使身上的药液流回池内。羊数较少的农户可建一个简易临时药浴池，先挖一个长10米、深1米的梯形沟，沟的两端呈斜坡状，然后铺上帆布，使沟的四周不漏水即可，药浴出口处地面也铺上帆布，使羊出浴后身上的药液能流回池中。储羊圈和滴流台的大小可根据羊只数量确定。

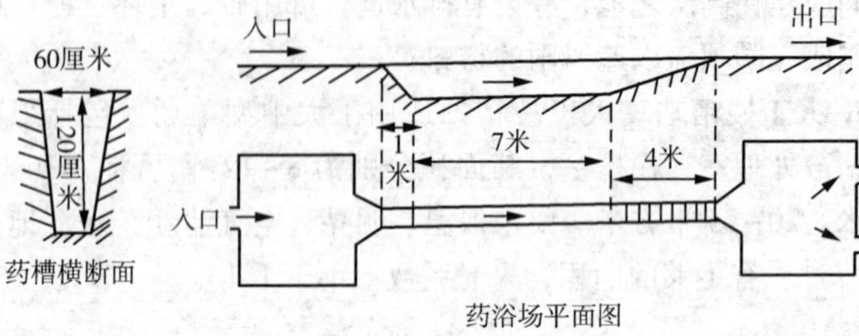

图2-6 药浴池

（引自：田树军，《养羊与羊病防治》，2004）

（四）隔离区

隔离区包括兽医诊疗室、病畜隔离舍、尸坑或焚尸炉、粪便污水处理等，应设在场区的最下风向和地势较低处，并与羊舍保持300米以上的卫生间距。该区应尽可能与外界隔绝，四周应有隔离屏障，如防疫沟、围墙、栅栏或浓密的乔灌木混合林带，并设单独的通道和出入口。当羊舍呈一列布局时，只需在与饲料加工调制间相对一侧设一个储粪场；羊舍呈两列布局时，应设置2个，并分别位于羊舍较远一端的中部，以保证运输距离短，不与运饲料的道路交叉。储粪场需要经过水泥硬化处理，目的在于防止渗漏造成环境污染。所需储粪池面积按储放 6 个月、堆高 1.5 米计，每只成年羊为 0.4 平方米，储粪池深 1 米左右，长宽尺寸依据具体情况灵活掌握。污水处理池应大而浅，但其水深不小于 0.6 米，最大深度不超过 1.2 米。修建时采用水泥硬化，最好先使用防渗漏材料。处理病死家畜的尸坑或焚尸炉应严密隔离。此外，在规划时还应考虑严格控制该区的污水和废弃物的排放，防止疫病蔓延和污染环境。

第三节　生态肉羊舍的建筑设计

一、生态肉羊舍的基本结构

（一）地面

肉羊舍地面分为漏缝地面和实地面两种类型。漏缝地面最好建成离地面高 80~100 厘米的高床，铺漏缝宽 2 厘米床面。南方羊舍常用漏缝地板，由木条、竹片或漏缝水泥板构建，间隙一般 1~2 厘米，以利粪尿漏下为宜，与地面距离 1.5~1.8 米，便于清除粪便。实地面因建筑材料不同，有夯实黏土、三合土（石灰∶碎石∶黏土之比为1∶2∶4）、砖地、水泥、木质地面等。黏土地面易于去表换新，造价低廉，但易潮湿和不便消毒，只适用于干燥地区；三合土地面较黏土地面好；水泥地面不保温、太硬，但便于清扫和消毒；砖地面和木质地面保暖，也便于清扫和消毒，但成本高，适于寒冷地区。无论哪种材料建造的地面，都应平整、坚固耐用。舍内地面高出舍外 20~30 厘米，且由里向外铺成斜跨台，保持一定的坡度，以利于清扫粪尿和排水。饲料间、人工授精室、产羔室可用水泥地面，以便清洗与消毒。

（二）墙和屋顶

墙和屋顶对羊舍起保温隔热和防雨作用。土墙造价低，保温好，但易潮湿，不易消毒，小规模简易羊舍可采用。砖墙有半砖墙、一砖墙和一砖半墙等，墙越厚保温性能越好，但建筑成本越高。北方寒冷地区可适当增加墙壁厚度。石墙坚固耐久，但导热性大，寒冷地区使用效果差。金属铝板、胶合板、玻璃纤维材料建成的保温隔热墙，效果很好。屋顶可为单坡式或双坡式，建筑常用材料有石棉瓦、泥、塑料薄膜、油毡等，其上可建天棚，以增强羊舍的保温和隔热性能。羊舍净高度一般不低于2.5米，寒冷地方羊舍可适当低一些，以利于保温。南方多雨地区羊舍屋顶应有严密的防漏装置，墙基要有排水设施。

（三）门和窗

羊舍门以羊能顺利通过不致拥挤为宜。大群饲养的羊舍，舍门以3米×2米为宜；肉羊数量少或分栏饲养的，舍门可为1.5米×2.5米；育肥羊舍门为1.2米×2米。寒冷地区的羊舍，在大门外添设套门能防止冷空气直接侵入。我国南方气候炎热、多雨、潮湿，门窗以敞开为好。窗户面积为地面面积的1/15~1/12，下缘距地面的高度约为1.5米。羊舍南面或南、北两面可加修0.9~1米高的矮墙，南窗和北窗上半部敞开，可保证羊舍干燥通风。

（四）面积

肉羊舍的面积和高度应能满足空气流通、干燥、采光、防寒保暖、防暑降温、便于饲养管理的要求。羊舍的占地面积应根据羊群规模的大小、品种、性别、生理状况和当地气候等情况而定。公羊（育成公羊：0.7~0.9平方米；单饲公羊：4.0~6.0平方米；群饲公羊：1.5~2.0平方米）；母羊（育成母羊：0.7~0.8平方米；春季产羔母羊：1.2~1.4平方米；秋季产羔母羊：1.6~2.0平方米）；羔羊（去势羔羊：0.6~0.8平方米；3~4月龄羔羊：0.3~0.4平方米）；育肥羊、淘汰羊（0.7~0.8平方米）；隔离羊（2.0~4.0平方米）。

二、肉羊舍的类型

由于各地气候条件和饲养方式的差异，羊舍的类型也有所不同。常见的羊舍类型有长方形羊舍、楼式羊舍和棚式羊舍。

（一）长方形羊舍

典型的羊舍为长方形，墙壁采用砖、石、土坯结构构成。一般为向外开启的双扇门，门宽 1.2 米以上，南墙和北墙均设有窗户。这种羊舍，夏季通风、透光，较凉爽；冬季向阳、背风，较暖和。根据羊舍四周墙壁封闭的严密程度，可划分为封闭舍、开放舍与半开放舍等。

羊舍内部结构可以是双列对头式，即羊舍内部的两侧为羊休息和采食的地方，中间为走道，走道两侧修建固定式饲槽（图 2-7）；也可以是双列对尾式羊舍，即走道、饲槽等分别设在羊舍内部的两侧靠近窗户处，中间为羊躺卧休息和采食的地方。为降低羊舍的建筑成本，可减小羊舍跨度，将羊舍盖成单列式，即羊舍内部一侧为走道、饲槽，另一侧为羊躺卧休息和采食的地方。羊舍地面以沙壤土或混合土为好，有条件的也可铺成砖地面，并向舍外倾斜一定坡度。水泥地面可铺设用平整木条制成的羊床，木条的间隙 1~2 厘米。在靠近羊床的地方，修建带有颈枷或斜架的固定饲槽。

图 2-7　对头式羊舍

1. 开放式和半开放式结合单坡式羊舍 种羊舍由开放式羊舍和半开放式羊舍两部分组成。这种羊舍可排列成“厂”字形，羊可以在两种羊舍中自由活动。在半开放羊舍中，可用活动围栏分隔出固定的母羊分娩栏。这种羊舍适于炎热地区或牧区（图 2-8）。

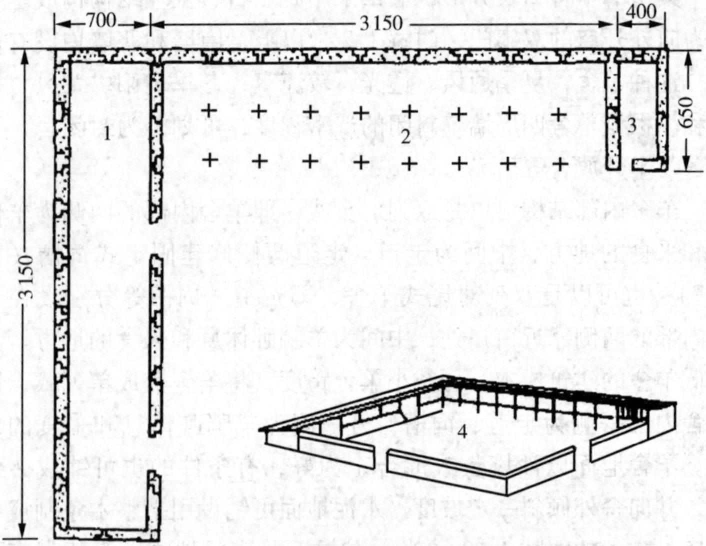

图 2-8 开放式和半开放式结合单坡式羊舍（单位：厘米）

1. 半开放式羊舍 2. 开放式羊舍 3. 工作室 4. 运动场

（引自：岳文斌，《生态养羊技术大全》，2006）

2. 半开放双坡式羊舍 这种羊舍既可排列成“厂”字形，也可以排列成“一”字形，但长度应适当延长，适于比较温暖的地区或半农牧区（图 2-9）。

3. 封闭双坡式羊舍 这种类型羊舍四周墙壁封闭严密，屋顶为双坡，跨度大，排列成“一”字形，长度可根据羊的数量适当延长或缩短，其保温性能好，适用于寒冷地区，也可作冬季产羔舍（图 2-10）。

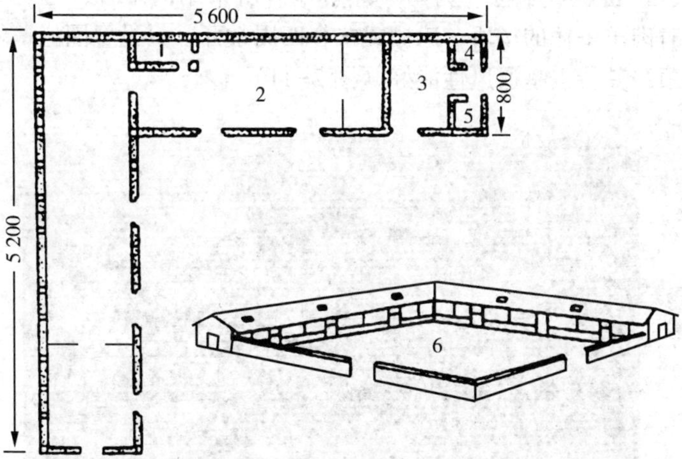

图 2-9　半开放双坡式羊舍（单位：厘米）

1. 人工授精室　2. 羊舍　3. 产房　4. 值班室　5. 饲料间　6. 运动场

（引自：岳文斌，《生态养羊技术大全》，2006）

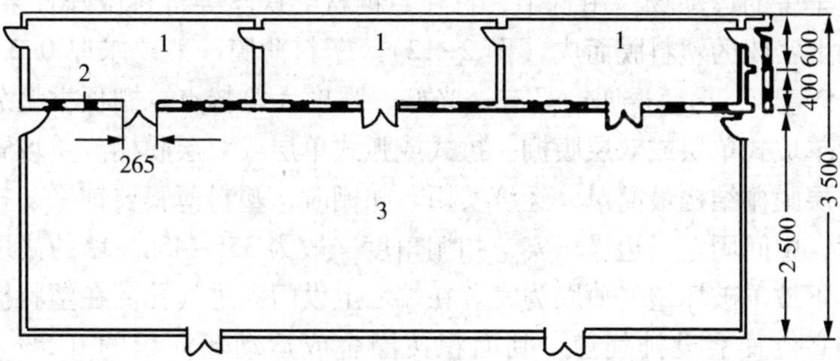

图 2-10　封闭双坡式羊舍（可容纳 600 只羊）（单位：厘米）

1. 值班室　2. 饲料间　3. 羊圈

（引自：岳文斌，《生态养羊技术大全》，2006）

（二）棚式羊舍

1. 凉棚式羊舍　为南方热带地区所采用的羊舍，也可为放牧时肉羊午休的场所。凉棚式羊舍四周敞开，只设置圈栏，上有棚顶，其特点是通风性能好（图 2-11）。

图 2-11　凉棚式羊舍

2. 暖棚式羊舍　近年来在北方比较寒冷的地区，主要推广利用塑料暖棚养羊。这种羊舍是利用农村现有的简易敞圈或开放式羊舍的运动场，用竹竿、竹片、钢材、铁丝等材料做好骨架，扣上密闭的塑料膜而成（图 2-12）。塑料薄膜一般要求厚 0.2～0.5 毫米，白色透明，具有透光好、强度大等特点。棚顶类型分为单坡式单层或双层膜棚、拱式或弧式单层或双层膜棚。单坡式单层膜棚结构最简单，经济实用。扣棚时，塑料薄膜要铺平、拉紧，中间固定，边缘压实，扣棚角度一般为 35°～45°。墙的高度以不被羊破坏塑料薄膜为宜。在端墙上设门和进气孔。在塑料棚较高位置上设排气窗，其面积按圈舍或运动场面积的 0.5%～0.6%计算。东西方向每隔 8～10 米设一个排气窗（2 米×0.3 米），开关方便。棚舍坐北朝南，保温、采光好，经济实用。

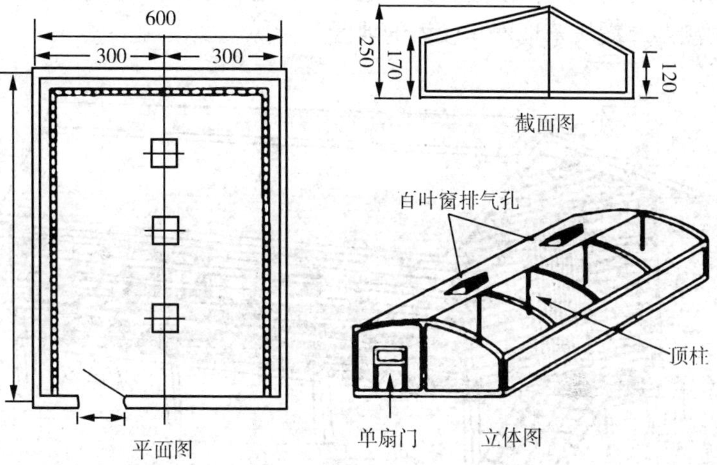

图 2-12　暖棚式羊舍（单位：厘米）

（三）楼式羊舍

楼式羊舍为炎热、潮湿地区所采用的形式（图 2-13）。楼式羊舍的楼台离地面高 1.5～1.8 米，用木条、竹片等制成楼板，间隙 1.0～1.5 厘米，羊舍南北两侧有 1 米左右的半截墙，舍门宽 1.5～2.0 米，舍门与地面之间有台阶相连。舍外有运动场，面积为羊舍的 2～2.5 倍。楼式羊舍的特点是通风良好，防热防潮性能好。

另外，我国南方的草山草坡较多，为适应这类地形地势条件，也可因地制宜地借助缓坡地修建简易楼式羊舍（图 2-14）。此种羊舍的山地坡度为 20°左右，羊舍离地面高度为 1.2 米，以方便饲喂人员添加草料为宜，羊舍地面采用漏缝地板，清粪方便。其建筑要求可根据养殖户的资金条件决定，屋顶用稻草覆盖，四周用木条和竹片修建，则更能节约投资，但楼板一定要坚固耐用。由于羊舍背依山坡，因此最好修建排水沟，保证山坡流水通畅，以防雨水冲毁羊舍。这种羊舍结构简单，投资小，通风防潮，避暑，清洁卫生，无粪尿污染，适合于南方天气炎热，多雨潮湿，缓坡草地面积较大的地区。

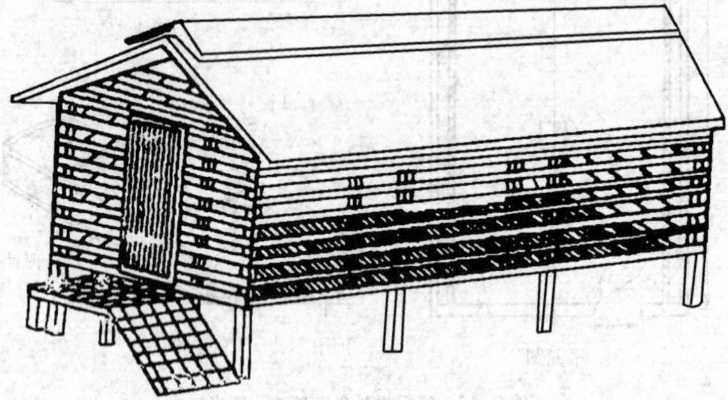

图 2-13 楼式羊舍

（引自：岳文斌，《肉羊生态养殖工程技术》，2007）

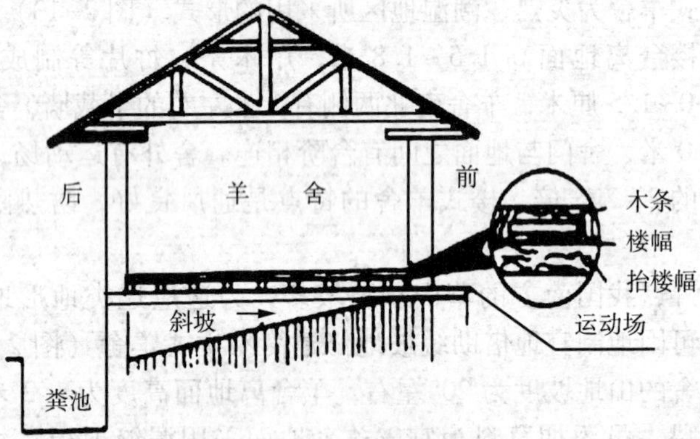

图 2-14 山区简易楼式羊舍示意图

第四节　肉羊生态养殖场常用设施

为了减轻劳动强度、提高工作效率、减少草料浪费、降低生产成本，肉羊场要配备必要的设施。肉羊场常用设施包括饲养设施（饲槽、水槽、盐槽、草架、栅栏等）、饲草饲料收获加工设施（收获机械、加工机械）。这些设施的设计与制作要因地制宜、安全适用，既要符合羊的生物学特点，又要便于日常操作、清洁和消毒。

一、肉羊生态养殖场饲养设施

（一）饲槽

1. 固定式饲槽　适用于舍饲为主的肉羊舍。用砖、土坯及混凝土砌成。双列式对头羊舍，饲槽应修在中间走道两侧；双列式对尾羊舍，饲槽应修在窗户走道一侧。单列式羊舍的饲槽应建在靠北墙的走道一侧，或建在北墙或东西墙根处。一般要求上宽下窄，槽底呈半圆形。槽长依羊只数量而定，一般按每只大羊30厘米，羔羊20厘米计算（图2-15）。

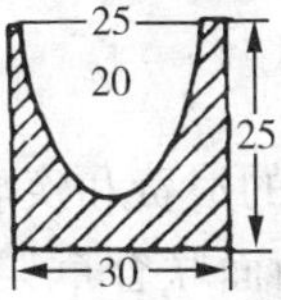

靠墙单面固定式样

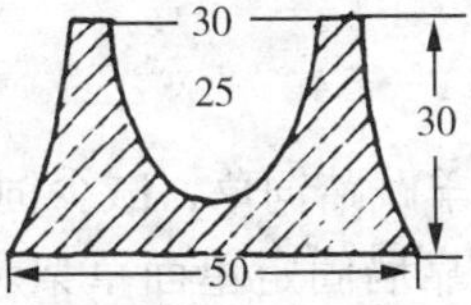

双面利用固定式

图2-15　固定式饲槽（单位：厘米）

2. 移动式饲槽　主要用于冬春舍饲期妊娠母羊、泌乳母羊、羔羊、育成羊和病弱羊的补饲。可用木板或铁皮制作，一般上宽

35 厘米，下宽 30 厘米，深 20 厘米左右。为防止饲喂时羊只翻槽，饲槽两端最好设有装拆方便的固定架。对于铁皮饲槽，应在表面喷防锈材料（图 2-16）。

图 2-16　移动式饲槽

3. 悬挂式饲槽　适于断奶前羔羊补饲用。制作时可将饲槽两端的木板改为高出原槽约 30 厘米的长方形木板，在上面各开一个圆孔，从两孔中插入一根圆木棍，用绳索拴牢圆木棍的两端后，将饲槽悬挂于羊舍补饲栏的上方，离地面高度以羔羊采食方便为准。

（二）草架

利用草架喂羊，可防止羊践踏饲草，减少饲草的浪费和疾病的发生。草架的形式主要有靠墙固定单面草架和两面联合草架。其形状有长方形、三角形及 U 形等（图 2-17）。靠墙固定单面草架是先用砖、石头或土坯砌一堵墙，或利用羊舍的一面墙，然后将数根 1.5 米以上的木棍或木条下端埋入墙根，上端向外倾斜一定角度，并将各个竖棍的上端固定在一横棍上。横棍两端分别固定在墙上即可。草架长度，成年羊按每只 30～50 厘米，羔羊

20~30厘米为宜，竖棍与竖棍之间的间距，应根据羊体形的大小而定，一般10~15厘米。两面联合草架是先制作一个高1.5米、长2~3米的长方形立体框，再用1.5米高的木条制成间隔10~15厘米的V形装草架，然后将装草架固定在立体框之间即成。制作材料为木材、钢筋。舍饲时，可在运动场内用砖石、水泥砌槽，用钢筋做栅栏，可兼作饲草、饲料两用槽。

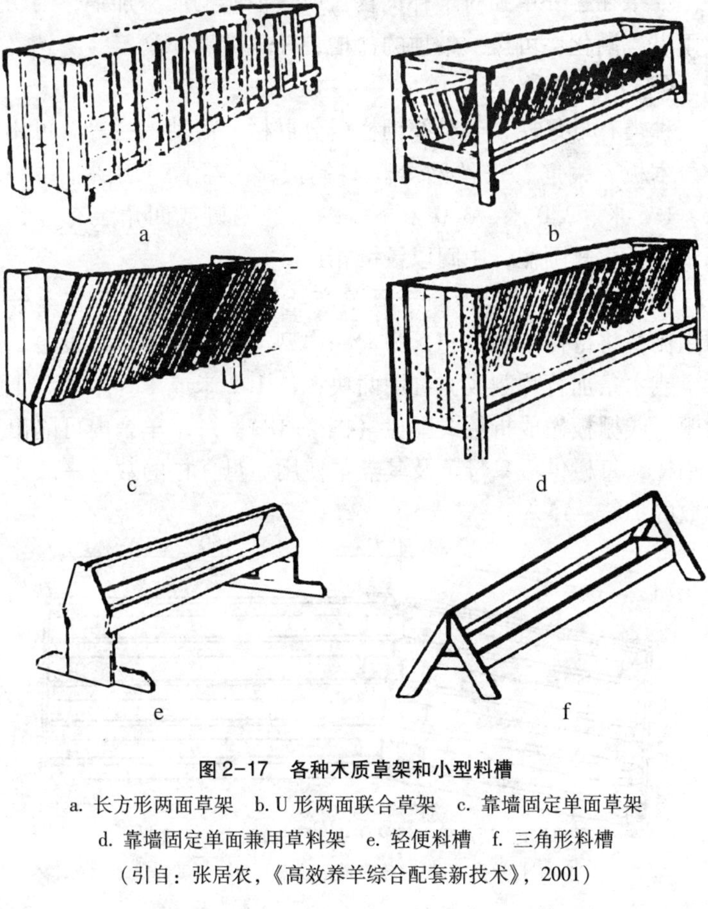

图2-17　各种木质草架和小型料槽

a. 长方形两面草架　b. U形两面联合草架　c. 靠墙固定单面草架

d. 靠墙固定单面兼用草料架　e. 轻便料槽　f. 三角形料槽

（引自：张居农，《高效养羊综合配套新技术》，2001）

（三）饮水槽

饮水槽一般固定在羊舍内或运动场上，可用镀锌铁皮制成，也可用砖石、水泥制成，在其一侧下部设置排水口以便清洗水槽，保证饮水卫生。水槽高度以羊方便饮水为宜。羊舍中使用自动化饮水器，能适应集约化生产的需要。

（四）盐槽

如果在舍外单独对羊补饲食盐或其他矿物质添加剂，为防止被雨淋，潮化，可设一带顶的盐槽，任羊随意舔食。

（五）栅栏

种类有母仔栏、羔羊补饲栏、分群栏、活动围栏等。可用木条、木板、钢筋、铁丝网等材料制成，一般高 1.0 米，长 1.2 米、1.5 米、2.0 米、3.0 米不等。栏的两侧或四角装有挂钩或插销，折叠式围栏，中间以铰链相连。

1. 活动母仔栏 为便于母羊产羔和羔羊吃奶，应在羊舍一角用栅栏将母仔围在一起，为大、中型羊场产羔期常用设备。用木条或木条加竹片制成。可用两块各长 1.2 米或 1.5 米、高 1 米的栅栏或栅板做成折叠式围栏（图 2-18）。一个羊舍内可隔出若干小栏，每栏供一只母羊及其羔羊使用。母仔栏的数量一般为母羊数的 10%～15%。

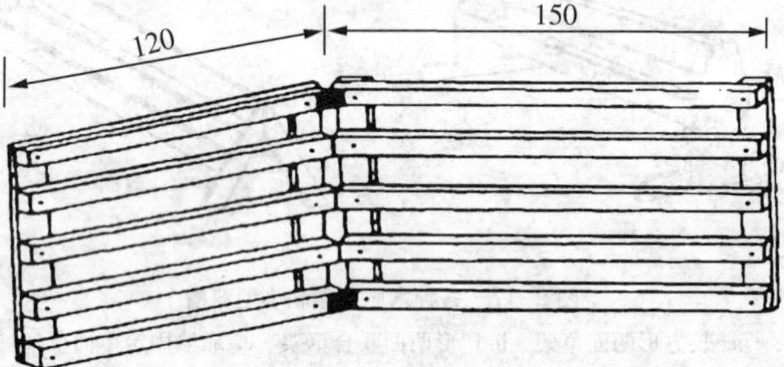

图 2-18 活动母仔栏（折叠式围栏）（单位：厘米）

（引自：岳文斌，《生态养羊技术大全》，2006）

2. 羔羊补饲栏　用于羔羊的补饲，可用多个栅栏、栅板或网栏，在羊舍或补饲场靠墙围成足够面积的围栏，并在栏间插入一个大羊不能进、羔羊可以自由进出采食的栅门即可（图 2-19）。栏内食槽可放在中央或依墙而设（图 2-20）。

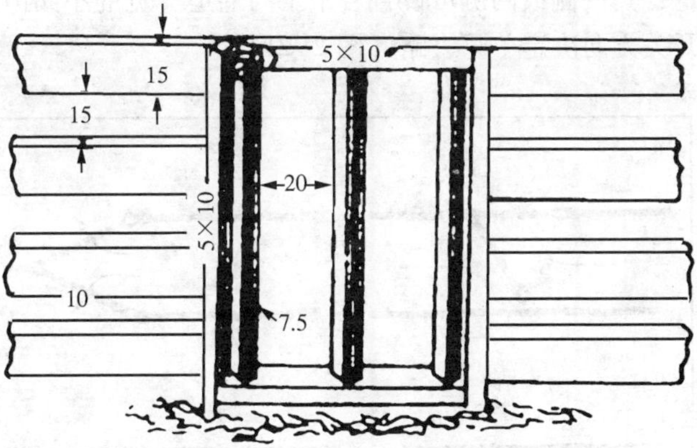

图 2-19　羔羊补饲栅栏（单位：厘米）

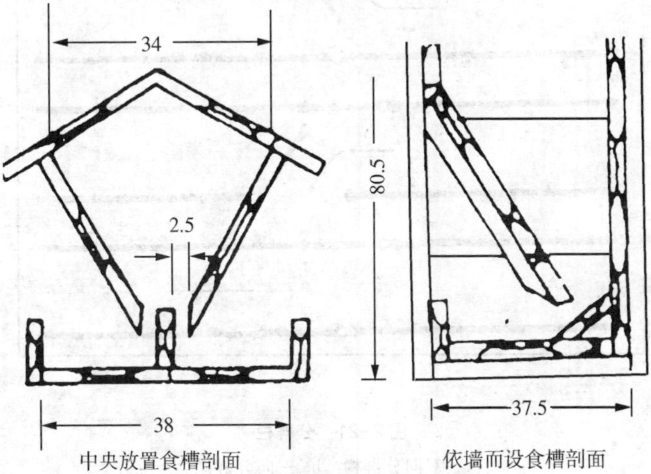

图 2-20　羔羊隔栏补饲食槽（单位：厘米）

3. 分群栏　分群栏大中型羊场在进行羊群鉴定、分群、防疫注射、药浴、驱虫时，常将羊群按要求进行分组。为了提高工作效率，需要设结实且可活动的分群栏。分群栏由许多栅栏连接而成。在羊群的入口处为喇叭形，中部为一条比羊体稍宽的狭长通道，羊只在通道中央只能单行前进而不能回头。通道长度视需要而定，其一侧或两侧可设置若干个与通道等宽的小圈门，由此门的开关方向决定羊只去路（图 2-21）。

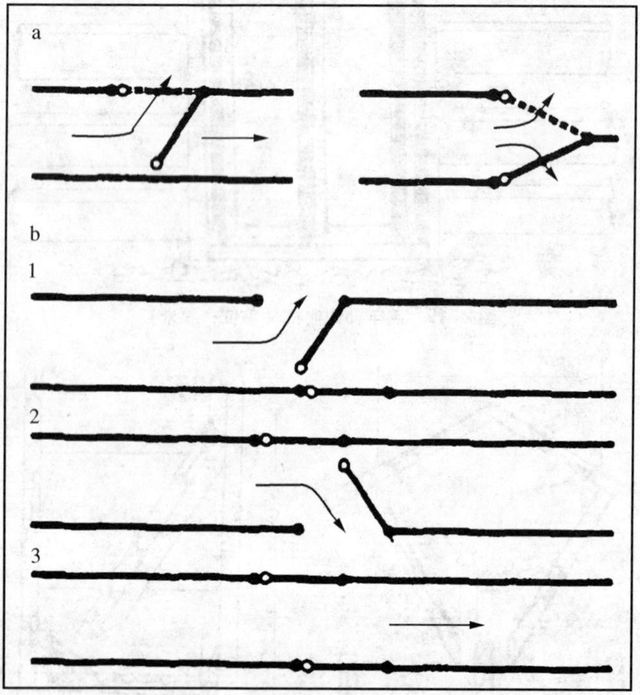

图 2-21　分群栏

a. 双向分群栏　b. 三向分群栏

4. 活动羊圈　以放牧为主的羊场，根据季节、草场生产力状况，常需要转场放牧，采用活动羊圈。可利用若干栅栏或网栏，选一高燥平坦地面，连接固定成圆形、方形或长方形。网栏高1米，每隔6.5米加装立柱和拉筋一副，立柱高1.5米。网栏上覆盖围布，围布用高强度、质地柔软、耐寒热、抗风雨的聚丙烯编织布。圈门配门栏两根，插杆一对，圈门用钢丝编制而成。根据气候条件，围布可装可拆。围栏样式有折叠围栏（图2-18）、重叠围栏、三角架围栏等（图2-22）。

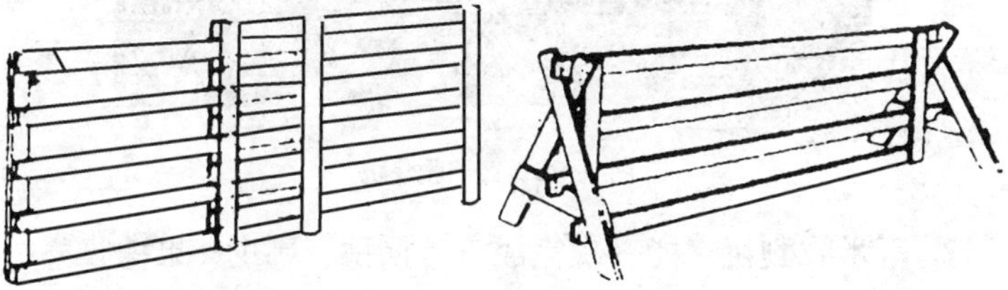

a.重叠围栏　　b.三角架围栏

图2-22　围栏样式

（引自：张居农，《高效养羊综合配套新技术》，2001）

二、肉羊生态养殖饲养机械加工设施

（一）收获机械

牧草和秸秆的收获机械可根据用户实际选用，如进行青贮可使用联合收割机，将收获、铡切以及装车作业一次完成，然后再用车辆入库。也可用单一的收割机，收割后运至青贮窖，再进行铡切。

1. 通用型青饲收获机　由主机、矮秆青饲作物收割台和高秆青饲作物收割台组成，能收获大麦、燕麦、高粱、玉米等饲料作物。在作业时用拖拉机牵引，后方挂接拖车，能一次性完成作物的收割、碾碎及抛送作业（图2-23）。拖车装满后用拖拉机运往储存地点。

图 2-23 青饲收获机

2. 玉米收割机 能一次完成玉米摘穗、剥皮、果穗收集、茎叶切碎及装车作业，拖车装满后运往青贮地点储存（图 2-24）。

图 2-24 玉米收割机

3. 压捆机 将散乱的秸秆和牧草压成捆，分固定式压捆机和捡拾式压捆机两类。根据压成捆的形状分为方捆活塞式压捆机（图 2-25）和圆捆卷压式压捆机（图 2-26）。根据草捆密度还可分为高密度（200~300 千克/米^3）、中密度（100~200 千克/米^3）和低密度（100 千克/米^3）三类。

图 2-25 方捆活塞式压捆机

图 2-26 圆捆卷压式压捆机

4. 搂草机 按搂成的草条方向分成横向和侧向两种类型（图 2-27、图 2-28）。横向搂草机操作简便，但搂成的草条不整齐，损失较大；侧向搂草机操作较复杂，搂成的草整齐，损失小并能与捡拾作业相配套。

图 2-27 横向搂草机

图 2-28 侧向集条式搂草机

（二）加工机械

1. 铡草机 可将牧草、秸秆等切短，也可用于铡短青贮料。按每小时切碎量，可分为大、中、小三种机型。小型铡草机适宜小规模养殖户使用，大型铡草机主要用于铡切青贮料，中型铡草机可铡切秸秆与青贮料两用。按内部结构，可分为滚筒式和圆盘式两类。大中型机一般采用圆盘式（图 2-29），小型机多为滚筒式（图 2-30）。

图 2-29　圆盘式铡草机

图 2-30　滚筒式铡草机

2. 粉碎机 主要有锤片式、劲锤式、齿爪式和对辊式四种类型（图2-31）。粉碎时饲料的含水量不宜超过15%。锤式多适用水分较多的青草类、秸秆类，劲锤式的粉碎能力更强，齿爪式适合粉碎含纤维较少的精饲料。

a.锤片式粉碎机

b.劲锤式粉碎机

c.齿爪式粉碎机

d.对辊式粉碎机

图2-31 粉碎机

3. 揉搓机 揉搓机是介于铡切与粉碎之间的一种新型加工设备（图2-32）。如玉米秸秆，经揉搓后加工成丝状，完全破坏了其间的结构，并被切成8~10厘米的碎段，增加了适口性。

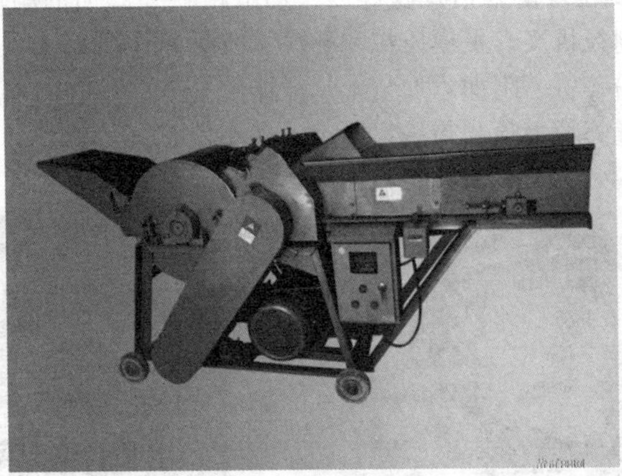

图 2-32　饲料揉搓机

4. 搅拌机　饲料搅拌机分为立式饲料搅拌机与卧式饲料搅拌机两种（图 2-33），通过搅拌桶内叶轮的旋转，可将饲料混合均匀。常用搅拌机型号有 500 型和 1000 型，每批混合量为 500 千克与 1 000 千克。

a.立式饲料搅拌机

b.卧式饲料搅拌机

图 2-33　搅拌机

5. 制粒设备 秸秆粉碎后，加上精料和添加剂制成全价颗粒料。制粒机又有平模压粒和环模压粒两种（图 2-34）。整套设备包括粉碎机、附加添加装置、搅拌机、蒸汽锅炉、压力机、冷却装置、碎粒去除和筛粉装置。

a. 环模压辊

b. 平模压辊

图 2-34 制粒机

三、生态养殖肉羊舍排水设施

排水设施有传统式排水设施和漏缝地板式排水设施两种。

（一）传统式排水设施

传统式排水设施由排尿沟、降口、地下排水管和粪水池构成。排尿沟设于羊栏后，紧靠除粪便道，至降口有 1°~1.5°坡度。降口指连接排尿沟和地下排水管的小井，在降口下部设沉淀井，以沉淀粪水中的固形物，防止堵塞管道。降口上盖铁网，以防粪草落入。地下排出管与粪水池有 3°~5°坡度。粪水池容积应能储存 20~30 天的粪水尿，距饮水井 100 米以外。

（二）漏缝地板式排水设施

漏缝地板式排水设施常用钢筋混凝土或竹木板制成，有的仅设于粪沟之上，有的用于制作羊床。多采用拼接式，便于清扫和消毒，粪沟相通。大型羊场可用机械刮粪板（图 3-35）或高压水冲洗。

图 2-35 机械刮粪板

第三章　生态养殖优质肉羊品种

第一节　国内优质肉羊品种

一、小尾寒羊

小尾寒羊是我国著名的地方优良绵羊品种之一，产于河北南部、河南东部和东北部、山东南部及皖北、苏北一带，其祖先是很早就从北方草原地区迁移过来的蒙古羊，在产区优越的生态经济条件和饲养者的精心选育下，形成了具有生长快、繁殖力高、适宜分散饲养、舍饲为主的农区优良绵羊品种（图 3-1）。小尾寒羊体质结实，鼻梁隆起，耳大下垂，四肢较长，体躯高，前后躯均较发达，脂尾短，一般都在飞节以上，呈圆扇形。尾表正中有一浅沟，尾尖向上反转紧贴于沟中（尾形是鉴别小尾寒羊纯种的主要标志）。公羊有大的螺旋形角，前胸较深，鬐甲高，背腰平直，体躯高大，侧视呈长方形，四肢长而粗壮，被毛多为白色，少数羊只在眼圈周围有黑色刺毛。小尾寒羊成年公羊体重 140~150 千克，周岁公羊平均体重 90~110 千克，周岁母羊为 50~70千克，小尾寒羊性成熟较早，母羊 5~6 月龄即可发情，当年可产羔，产羔率达 270%，80%母羊可年产 2 胎，公羊 7~8 月龄即可配种。4 月龄公羔体重 55 千克，母羔 45 千克，周岁屠宰率为 55.6%，净肉率为 45.9%。小尾寒羊主产区羊的体高、体长、胸围、尾长、尾宽等五项指标为：公羊分别为 90.9 厘米、91.9 厘米、107.0 厘米、25.0 厘米、20.5 厘米；母羊为 77.1 厘米、77.5 厘米、87.5 厘米、24.6 厘米、15.2 厘米。该品种最大特点就是可以热配，产羔后 1 月内即可发情配种。实践证明，小尾寒羊是一个比较理想的肉羊经济杂交母本。

图 3-1　小尾寒羊

二、大尾寒羊

大尾寒羊原产于河北、河南和山东三省交界地区，河南和山东的大尾寒羊数量较少，河北大尾寒羊数量较多，已超过 30 万只。大尾寒羊头略显长，额宽，鼻梁隆起，耳大下垂，公羊、母羊均无角，颈较细长，胸窄，前躯发育较差，后躯发育较好，四肢健壮。脂尾大而肥厚，下垂至飞节以下，长者可接近或拖及地面，尾尖向上翻卷，形成明显尾沟。被毛绝大部分为白色，杂色斑点少，腹下基本无毛（图 3-2）。成年公羊体重平均 72.0 千克，成年母羊为 52.0 千克，周岁公羊平均为 51.5 千克，周岁母羊为 43.0 千克。产区内每年剪毛 2~3 次，剪毛量成年公羊平均 3.30 千克，成年母羊为 2.70 千克，净毛率 45%~63%。大尾寒羊的毛被可分为同质毛型、基本同质毛型和异质毛型，其构成前者占40%，后两者各占30%。因此，大尾寒羊的羊毛品质远比国内其他异质粗毛品种羊为优。大尾寒羊产肉性能好。据测试，6~8月龄公羔，胴体重20.62千克，净肉重11.87千克，尾脂重4.76千克，屠宰率52.23%，胴体净肉率81.04%，尾脂重占胴体重的23.08%；1~1.5岁公羊上述指标相应为26.64千克、15.02千克、6.91千克、54.0%、82.58%和25.94%；2~3.5岁公羊为33.59千克、18.28千克、9.89千克、54.76%、84.10%和29.44%。从测试资料得知，大尾寒羊每生产1千克肉即可生产0.5千克脂肪，脂肪主要囤积在尾巴上，肾脂很少，随着年龄的增加，产脂性能有所下降。大尾寒羊性成熟早，常年可以发情配种，一般年产2胎或两年内产3胎，平均单次产羔率为185%~196%，大尾寒羊生长发育快，成熟早，产肉性能好，繁殖率高，尤以被毛品质好而闻名。

图3-2 大尾寒羊

三、乌珠穆沁羊

乌珠穆沁羊产于内蒙古自治区锡林郭勒盟东部乌珠穆沁草

原，主要分布在东、西乌珠穆沁旗及阿巴哈纳尔旗、阿巴嘎旗部分地区。乌珠穆沁羊头中等大小，额稍宽，鼻梁微凸，耳大下垂，公羊有角或无角，母羊多数无角。体格高大，体躯长，背腰宽，肌肉丰满，后躯发育快，贮积脂肪能力强，肉质鲜美细嫩（图3-3）。乌珠穆沁成年公羊体重74.43千克；母羊体重58.4千克；周岁公羊重50.75千克，母羊46.67千克。产羔率平均为100.2%。初生羔羊体重公羔4.58千克，母羔3.82千克；断奶重公羔33.9千克，母羔31.2千克。乌珠穆沁羊产肉性能良好，6月龄羯羔，宰前活重35.7千克，胴体重17.9千克，净肉重11.8千克，脂尾重1.7千克，屠宰率50.0%，净肉率65.9%，脂尾重占胴体重的9.5%；1.5岁羊上述指标相应为51.5千克、24.8千克、17.1千克、2.7千克、48.0%、69.0%和10.9%；成年羊的上述指标相应为70.5千克、39.3千克、27.2千克、4.4千克、55.0%、69.2%和11.2%。利用该羊生产肥羔，市场前景广阔。

图3-3　乌珠穆沁羊

四、兰州大尾羊

兰州大尾羊主要产于兰州及其郊区县。产区大部分属黄土高原丘陵沟壑区，海拔 1 500~3 000 米。兰州大尾羊被毛纯白，头大小中等，公、母羊均无角，耳大略向前垂，眼圈淡红色，鼻梁隆起。颈较长而粗，胸宽深，背腰平直，肋骨开张良好，臀部略倾斜，四肢相对较长，体形呈长方形。脂尾肥大，方圆平展，自然下垂达飞节下，尾中有沟，将尾部分为左右对称两瓣，尾尖外翻，紧贴中沟，尾面着生被毛，内面光滑无毛，呈淡红色。兰州大尾羊体格大，早期生长发育快，肉用性能好（图 3-4）。成年公羊体重 57.89 千克，成年母羊 44.35 千克，周岁公羊体重 53.10 千克，周岁母羊 42.60 千克；10 月龄羯羔胴体重 21.34 千克，净肉重 15.04 千克，脂尾重 2.46 千克，屠宰率 58.57%，胴体净肉率 78.17%，脂尾重占胴体重的 11.46%，成年羯羊上述指标相应为 30.52 千克、22.37 千克、4.29 千克、62.66%、83.72%和 13.23%。兰州大尾羊母羔 7~8 月龄开始发情，公羔 9~10月龄可以配种。饲养管理条件好的母羊一年四季均可发情配种，两年产 3 胎，产羔率为 117.02%。

图 3-4　兰州大尾羊

五、多浪羊

多浪羊是新疆的一个优良肉脂兼用型绵羊品种，主要分布在塔克拉玛干大沙漠的西南边缘，叶尔羌河流域的麦盖提、巴楚、岳普湖、莎车等县。多浪羊是用阿富汗的瓦尔吉尔肥尾羊与当地土种羊杂交，经70余年的精心选育培育而成。多浪羊羊头较长，鼻梁隆起，耳大下垂，眼大有神，公羊无角或有小角，母羊皆无角，颈窄而细长，胸宽深，肩宽，肋骨拱圆，背腰平直，躯干长，后躯肌肉发达，尾大而不下垂，尾沟深，四肢高而有力，蹄质结实（图3-5）。初生羔羊全身被毛多为褐色或棕黄色，也有少数为黑色，个别为白色者。第一次剪毛后，体躯毛色多变灰白色或白色，但头部、耳及四肢仍保持初生时毛色，一般终生不变。多浪羊肉用性能好，成年公羊体重100千克，母羊体重100千克。周岁公羊胴体重32.71千克，净肉重22.69千克，尾脂重4.15千克，屠宰率56.1%，胴体净肉率69.38%，脂尾占胴体重的12.69%，周岁母羊上述指标相应为23.64千克、16.90千克、2.23千克、54.81.%、71.49%和9.81%；成年公羊相应为59.75千克、40.56千克、9.95千克、59.75%、67.88%相16.70%；成年母羊相应为55.20千克、25.78千克、3.29千克、55.20%、46.70%和9.25%。多浪羊性成熟早，在舍饲条件下常年发情，初配年龄一般为8月龄，大部分母羊可以2年3产，饲养条件好时1年可2产，双羔率可达50%~60%，3羔率5%~12%，并有产4羔者。据调查，80%以上的母羊能保持多胎的特性，产羔率在200%以上。被毛分为粗毛型和半粗毛型两种，粗毛型毛质较粗，干死毛含量较多，半粗毛型毛含量比例大，干死毛少，是较优良的地毯用毛。成年公羊产毛量3.0~3.5千克，成年母羊2.0~2.5千克。多浪羊尚有许多不足之处，如四肢过高，颈长而细，肋骨开张不理想，前胸和后腿欠丰满，有的个体还出现凹背、弓腰，尾脂过多，毛色不一致，毛被中含有干死毛等。

图 3-5　多浪羊

六、同羊

同羊主要分布在陕西省渭北的东部和中部，包括韩城、宜川、黄龙合阳、大荔、薄城等16个县（市）。同羊的祖先，可能与大尾寒羊同宗，但因其所处地理位置，又吸收了不同程度的蒙古羊基因，经长期选育而成。同羊外形有角小如粟、耳薄如茧、肌细如箸、尾大如扇、体形如酒瓶等五大特点。头大小中等，耳较大，公母羊均无角，角、颈部较长而细薄，但公羊略显粗壮。肩直，胸部较宽深，肋骨细如箸，拱张良好，公羊背部微凹，母羊短、直且较宽。腹圆大，尻斜短，整个体躯略显前低后高。尾大，分长、短脂尾两大类型，沉积大量脂肪多有纵沟，尾尖上翘，夹于尾纵沟中，全身被毛纯白。头及四肢下部长短刺毛，腹毛着生不良（图3-6）。同羊体格中等，成年公羊体重44.0千克，成年母羊39.16千克；周岁公羊33.10千克，周岁母羊为

29.14千克。该品种的羔皮颜色洁白，有卷曲，花案美观悦目，即所谓“珍珠皮”，市场罕见。同羊常年发情，一般2年产3胎，每胎1羔，产双羔者很少。同羊肉肥嫩多汁，瘦肉绯红，肌纤维细嫩，烹之易烂，食之可口。

图3-6　同羊

七、湖羊

湖羊是太湖平原重要的家畜之一。为稀有白色羔皮羊品种，具有早熟、四季发情、每胎多羔、泌乳性能好、生长发育快、改良后有理想产肉性能、耐高温高湿等优良性状，分布于我国太湖地区。产后1~2日宰剥的小湖羊皮花纹美观，著称于世。湖羊体格中等，公、母均无角，头狭长，鼻梁隆起，多数耳大下垂，颈细长，体躯狭长，背腰平直，腹微下垂，尾扁圆，尾尖上翘，四肢偏细而高。被毛全白，腹毛粗、稀而短，体质结实，脂尾扁圆形，不超过飞节（图3-7）。小母羊4~5月龄性成熟，营养良好的情况下可两年产3胎，每胎产羔2~3只，经产母羊平均产羔率 220%以上。泌乳量多，羔羊生长迅速。羔羊生长发育快，三月龄断奶体重公羔 25 千克以上，母羔 22 千克以上。成年羊体重公羊 65 千克以上，母羊 40 千克以上，屠宰后净肉率 38%左右。

图 3-7 湖羊

八、南江黄羊

南江黄羊原产于四川省南江县，又称亚洲黄羊，于 1995 年育成。南江黄羊头大小适中，耳大且长，鼻梁微拱；公、母羊分为有角与无角两种类型，其中有角者占 61.5%，无角者占 38.5%；公羊颈粗短，母羊颈细长，颈肩结合良好，背腰平直，前胸深广，尻部略斜；四肢粗长，蹄质坚实，呈黑黄色，整个体躯略呈圆筒形。南江黄羊被毛呈黄褐色，但颜面毛色黄黑，鼻梁两侧有一对称黄白色条纹，从头顶沿背脊至尾根有一条宽窄不等的黑色毛带，公羊前胸、颈下毛为黑黄色且较长，四肢上端着生黑色较长粗毛。南江黄羊生长发育快，体格大，肉用性能好（图 3-8）。周岁公羊体重 34.43 千克，周岁母羊为 27.34 千克，成年公羊 60.56 千克，成年母羊为 41.20 千克。南江黄羊性成熟早，3 月龄就有初情表现，但母羊以 6~8 月龄、公羊以 12~18 月龄配种为佳。平均产羔率为 194.62%，其中经产母羊为 205.2%。南江黄羊板皮质地良好，细致结实，延伸率大，尤以 6~12 月龄的皮张为佳，厚薄均匀，富有弹性，主要成革性能指标均达到和接近轻工业部颁布的《山羊板皮正面服革标准》，适宜制作各类皮件产品。

图 3-8　南江黄羊

九、马头山羊

马头山羊是南方山区优良肉用山羊品种。该山羊原产于湘、鄂西部山区，主要分布于湖南省的石门、慈利、芷江、新晃、桑植等县和湖北省的郧阳、恩施地区。一般分布在海拔 1 000 米以下地区，常年以放牧为主。马头山羊体质结实，结构匀称。全身被毛白色，毛短贴身，富有光泽，冬季长有少量绒毛。头大小适中，公羊、母羊均无角，但有退化角痕。耳向前略下垂，下颌有髯，颈下多有两个肉垂。成年公羊颈粗短，母羊颈较细长，头、颈、肩结合良好。前胸发达，背腰平直，后躯发育良好，尻略斜。四肢端正，蹄质坚实。母羊乳房发育良好（图 3-9）。成年公羊体重 43.81 千克，成年母羊为 33.70 千克。马头山羊肉用性能好，在全年放牧条件下，12 月龄羯羊体重 35 千克左右，18 月龄以上达 47.44 千克．如能适当补料，可达 70~80 千克。据测定，12 月龄羯羊胴体重 14.20 千克，花板油重 1.71 千克，屠宰率 54.10%，体长 56.59 厘米，眼肌面积 7.81 平方厘米。马头山羊性成熟早，5 月龄性成熟，但适宜配种月龄一般在 10 月龄左右。母羊四季均可发情配种，一般 1 年产 2 胎或 2 年产 3 胎，产羔率 190%~200%。

图 3-9　马头山羊

十、成都麻羊

成都麻羊原产四川盆地西部的成都平原及其邻近的丘陵地区。成都麻羊是在特定的生态和经济条件下，由农民精心饲养和选育，形成目前肉乳兼用的优良地方良种。成都麻羊全身被毛呈棕黄色、色泽光亮，为短毛型。单根纤维颜色可分成 3 段，即毛尖为黑色，中段为棕黄色，下段为黑灰色，各段毛色所占比例和颜色深浅在个体之间及体躯不同部位略有差异。整个被毛有棕黄而带黑麻的感觉，故称麻羊；也有的群众认为，整个被毛呈赤铜色，故又称为“铜羊”。成都麻羊头中等大，两耳侧伸，额宽而微突，鼻梁平直母羊大多数有角，公羊前躯发达，体形呈长方形，体态雄壮；母羊背腰平直，尻部略斜，乳房呈球形，体形较清秀，略呈楔形（图 3-10）。成都麻羊体重，周岁公羊 26.79 千克，周岁母羊 23.14 千克，成年公羊 43.02 千克，成年母羊 32.6 千克。周岁羯羊胴体重 12.15 千克，净肉重 9.21 千克，内脏脂肪重 0.89 千克，屠宰率 49.66%，净肉率 75.8%。成年羯羊上述指标相应为 20.54 千克、16.25 千克、2.73 千克、54.34% 和 79.1%。成都麻羊常年发情配种，产羔率 205.91%，泌乳期 5~8 个月，可产奶 150~250 千克，乳脂率 6.47%；皮板组织致密，乳头层占全皮厚度一半以上，网状层纤维粗壮，是一般皮制品和航空汽油滤油革的上等原料。

图 3-10　成都麻羊

十一、鲁山“牛腿”山羊

鲁山“牛腿”山羊是河南省鲁山县西部山区发现的体格较大的肉皮兼用山羊，其中心产区为鲁山县的四棵树乡。“牛腿”山羊为长毛型山羊，体形大，体质结实，骨骼粗壮，耐寒性强。侧视为方形，正视近圆筒形，具有典型的肉用羊特点，头短额宽，90%的羊有角，颈短而粗，背腰宽平，腹部紧凑，全身肌肉丰满，尤其臀部肌肉发达，故以“牛腿”著称（图 3-11）。“牛腿”山羊生长发育快，周岁公羊 23.0 千克，周岁母羊 20.6 千克，成年母羊 30.5 千克。“牛腿”山羊产肉性能良好，周岁羯羊宰前重 20.84 千克，胴体重 9.59 千克，内脏脂肪重 0.52 千克，净肉重 7.72 千克，屠宰率 46.02%，胴体净肉率 76.36%，成年羯羊上述指标相应为 50.22 千克、25.09 千克、2.35 千克、21.69 千克、54.64%和 79.05%。“牛腿”山羊性成熟较早，母羊常年发情，初配年龄为 5~7 月龄，一般母羊 1 年产 2 胎或 2 年产 3 胎，产羔率 111%，羊群年繁殖率为 204%。

图 3-11　“牛腿”山羊

十二、云岭山羊

云岭山羊是云南省数量最多、分布最广的地方山羊品种，属肉皮兼用型。主产区为云岭山脉及其余脉的哀牢山、无量山和乌蒙山延伸地区。云岭山羊头大小适中，呈楔形，额稍凸，鼻梁平直，鼻孔大。成年公、母羊有髯，大部分有扁长而稍有弯曲的角。四肢粗短结实，肢势端正，蹄质坚实呈黑色。被毛粗而有光泽，毛色以黑色为主还有少量的黑黄花、黄白花、黄色、杂色。羊只的腹毛、四肢内侧呈对称性的淡黄色。青色羊只的腹毛趋向白色（图 3-12）。成年公羊体高、体长和胸围分别为 59. 2～63 厘米、59. 4～69. 9 厘米和 70. 3～76. 4 厘米；成年母羊相应部位分别为 56. 4～66. 1 厘米，57. 5～67 厘米，71. 8～79. 9 厘米。羔羊平均初生重为 2 千克，周岁公羊体重 22. 68 千克，母羊体重 20. 48 千克，成年公羊体重 39 千克，屠宰率 47. 4%，板皮质地细致紧密，品质优良。云岭山羊一般在 7～8 月龄后初配，年产 2 胎或 2 年产 3 胎，年产 2 胎的母羊约占 10%，双羔率为 50%左右。

图 3-12　云岭山羊

第二节　国外优质肉羊品种

一、无角道塞特羊

无角道塞特羊（Polled Dorset）原产于澳大利亚，公、母羊均无角，全身被毛白色。头短而宽，颈粗、短，胸宽深，背腰平直，后躯丰满，四肢粗、短，整个躯体呈圆筒状，体质结实。无角道塞特羊生长发育快，早熟，全年发情配种产羔（图 3－13）。该品种成年公羊体重 90～110 千克，成年母羊为 65～75 千克，剪毛量 2～3 千克，净毛率 60%左右，毛长 7.5～10.0 厘米，羊毛细度 56～58 支。产羔率 137%～175%。经过肥育的 4 月龄羔羊的胴体重，公羔为 22.0 千克，母羔为 19.7 千克。20 世纪 80 年代以来，新疆、内蒙古等地和中国农业科学院畜牧研究所，先后从澳大利亚引入的无角道塞特羊，基本上能较好地适应新疆的草场条件，不挑食，采食量大，上膘快。但由于腿较短，不宜在坡度较大、牧草较稀的草场放牧。饲养在北方的无角道塞特羊，对某些疾病的抵抗力较差，尤其是羔羊，羔羊脓疱性口膜炎、羔羊痢疾、网尾线虫病、营养代谢病等的发病率较高，因此，在管理和防疫上应予以加强。

图 3-13　无角道塞特羊

二、萨福克羊

萨福克羊（Suffolk）原产于英国的萨福克等地，体格较大，头短而宽，公、母羊均无角，颈短粗，胸宽，背、腰和臀部长宽而平；肌肉丰满，后躯发育良好；头和四肢为黑色（图 3-14）。成年公羊体重 90~100 千克，成年母羊为 65~70 千克，剪毛量成年公羊 5~6 千克，成年母羊 3~4 千克，毛长 8~9 厘米，细度 56~58 支，净毛率 60%左右，被毛白色，但偶尔可发现有少量的有色纤维，萨福克羊的特点是早熟，生长发育快，产肉性能好，产羔率 141. 7%~157. 7%。经肥育的 4 月龄公羔胴体重 24. 2 千克，4 月龄母羊为 19. 7 千克，并且瘦肉率高，是生产大胴体和优质羔羊肉的理想品种，该品种在澳大利亚同细毛羊杂交培育成南萨福克羊，因早熟，产肉性能好，美国、英国、澳大利亚等国都将该品种作为生产肉羔的终端父本品种。190 日龄的萨福克一代杂种羯羔测定，宰前活重为 37. 25 千克，胴体重为 18. 33 千克，屠宰率为 49. 21%，净肉重为 13. 49 千克，脂肪重 1. 14 千克，胴体净肉率为 73. 6%。

图 3-14　萨福克羊

三、杜泊羊

杜泊羊（Dorper）原产于南非，呈典型的筒状，无角，头部有白头和黑头之分，其余部位均为白色（图 3-15，图 3-16）。在良好管理下可达到 2 年 3 胎，产羔率 200%。母羊产乳量高，护羔好。羔羊初生重达 5.5 千克，生长快。据报道，在澳大利亚 7 周龄内日增重最高达 480 克，3.5~4 月龄羔羊体重可达 36 千克。产肉率高，繁殖能力强，繁殖期不受季节限制；适应性强，食草性广泛；抗逆性强。杜泊羔羊生长迅速，断奶体重大，这一点是肉用绵羊生产的重要经济特性。3.5~4 月龄的杜泊羔羊体重可达 36 千克，屠宰胴体约为 16 千克，品质优良。一般条件下，羔羊平均日增重 200 克以上。中国已于 2001 年少量引进并与小尾寒羊进行了杂交改良试验。

图 3-15　黑头杜泊羊

图 3-16　白头杜泊羊

四、德国美利奴羊

德国美利奴羊（German Mutton Merino）原产于德国，体格大，结实，成熟早，胸宽深，背腰平直，肌肉丰满，后躯发育良好（图 3-17）。公、母羊均无角。颈部和体躯皆无皱褶。被毛白色，密而长，弯曲明显。德国美利奴羊生长发育快，早熟，肉用性能好，成年公羊体重 90~100 千克，成年母羊 60~65 千克；剪毛量成年公羊 10~11 千克，成年母羊 4.5~5.0 千克，剪毛率 45%~52%，羊毛长度 7.5~9.0 厘米，细度 60~64 支。12 月可以配种，产羔率 140%~175%。羔羊生长发育快，日增重 300~350 克，6 月龄羔羊体重可达 40~45 千克，胴体重 19~23 千克，屠宰率 47%~51%。从 1958 年起引入我国，分别饲养在江苏、安徽、内蒙古、甘肃、山东等省、自治区，曾参与了内蒙古细毛羊、阿勒泰肉用细毛羊等品种的育成。在新疆、甘肃、山东等地曾与蒙古羊、欧拉羊、小尾寒羊等进行过杂交生产羊肉试验，效果比较好。但根据各地反映，德国美利奴羊纯种繁殖的后代中，公羊隐睾率比较高，平均 12.72%。因此，在引入和使用该品种时应引起注意。

图 3-17　德国美利奴羊

五、考力代羊

考力代羊（Corriedale）原产于新西兰，公、母羊均无角，颈短而宽，背腰宽平，肌肉丰满，后躯发育良好，四肢结实，长度中等（图3-18）。头、耳、四肢带黑斑，嘴唇及蹄为黑色，被毛白色，弯曲明显，匀度良好，强度大，油汗适中。成年公羊体重100~105千克，成年母羊46~65千克。剪毛量，成年公羊10~12千克，成年母羊5~6千克，毛长9~12厘米，羊毛细度50~56支，净毛率60%~65%。产羔率为110%~130%，考力代羊具有良好的早熟性，4月龄羔羊体重可达35~40千克。杂一代成年公羊胴体重33.0千克，净肉重25.66千克，内脏脂肪重1.43千克，屠宰率51.77%，胴体净肉率77.76%，成年母羊上述指标相应为29.25千克、24.32千克、2.23千克、52.75%和83.15%。20世纪50年代我国曾经引入过，后来又从新西兰和澳大利亚多次引入。考力代羊是东北细毛羊、贵州半细毛羊新品种，以及山西陵川半细毛羊新类群的主要父系品种之一，对新品种羊羊毛、羊肉品质的提高和改善起到积极作用。

图3-18 考力代羊

六、波尔山羊

波尔山羊原产于南非，具有强健的头，眼睛清秀，罗马鼻，头颈部及前肢比较发达，背部结实宽厚，腿、臀部丰满，四肢结实有力（图 3-19）。毛色为白色，头、耳、颈部颜色可以是浅红色至褐色，但不超过肩部，双侧眼睑有色。波尔山羊体格大，生长发育快。成年公羊体重 90～135 千克，成年母羊 60～90 千克。羔羊初生重 3~4 千克，断奶体重为 27～30 千克；周岁内日增重为 190 克左右，断奶前日增重一般为 200 克以上，6 月龄时体重 40 千克左右。波尔山羊肉用性能好，屠宰率 8～10 月龄为 48%，周岁、2 岁、3 岁时分别为 50%、52%、54%，4 岁时达到 56%以上。波尔山羊的胴体瘦而不干，肉厚而不肥，色泽纯正，膻味小，多汁鲜嫩。由于波尔山羊体质强壮，四肢发达，善于长距离采食。可以采食灌木枝叶，适于灌木林及山区放牧，在没有灌木林的草场放牧以及舍饲都表现很好。波尔山羊对热带、亚热带及温带气候都有较强的适应能力，而且抗病力强，对蓝舌病、肠毒血症及氢氰酸中毒症等抵抗力很强，对体内寄生虫的侵害也不像其他品种敏感。天津、山东、江苏、陕西从澳大利亚、南非、德国已引入波尔山羊，根据观察，引入的波尔山羊，其表现为初生重量大，生长快，繁殖力高，群聚性及恋仔性强，性情温和，易管理等。

图 3-19　波尔山羊

第四章　肉羊生态养殖饲养管理技术

第一节　肉羊的营养需要与饲养标准

一、肉羊的营养需要

肉羊每天每只对能量、蛋白质、碳水化合物、矿物质、维生素和水等各种营养物质的需要量，因生理机能、生产目的、体重、年龄和性别等的不同，肉羊对能量和各种营养物质的需要，在数量和质量上都有很大差别。从生理活动角度上看，肉羊的营养需要可分为维持需要和生产需要两个部分。维持需要主要用于肉羊的消化、呼吸、血液循环、体温的保持等。肉羊的营养需要首先要保证维持需要后才有可能满足生产需要。生产需要又称生产活动，可分为生长需要、繁殖需要、产毛需要等。

二、肉羊的饲养标准

肉羊饲养标准是发展肉羊生产、制订生产计划、组织饲料供给、设计饲料配方、生产平衡饲粮，保证肉羊适宜、快速生长和高产的技术基础，同时也是实行肉羊标准化饲养管理的技术指南和科学依据。在饲养标准指导下养殖肉羊，不仅能显著提高肉羊生长速度和产品质量，而且能显著节约饲料，减少浪费，提高饲料利用率，这与传统经验饲养相比，生产效率可提高1倍以上。

（一）肉羊饲养可引用的饲养标准

1. 中国《肉羊饲养标准》（NY/T 816—2004）　2004 年我国农业部颁布了《肉羊饲养标准》（NY/T 816—2004），本标准规定了肉用绵羊、山羊对日粮干物质进食量、消化能、代谢能、粗蛋白质、维生素、矿物质每日需要值。该标准适用于产肉为主，产毛、产绒为辅的绵羊、山羊品种，并附有中国羊常用饲料成分及营养价值表。标准化规模养羊可依据和引用此标准，对肉用绵羊、山羊不同阶段的营养需要进行饲料配合。

2. 其他可使用的饲养标准　我国目前已完成湖羊、中国美利奴羊、大尾寒羊、小尾寒羊等的饲养标准制定工作，并已在生产实践中使用。另外，国外饲养标准中被普遍接受和广泛应用的是美国 NRC 标准、英国 ARC 标准和 Keral（1982）推荐的适宜发展中国家的山羊饲养标准。

（二）应用饲养标准需注意的问题

肉羊饲养标准虽是根据大量的实践经验和科学实验结果制定的，但不同品种、性别、年龄、体重、生理状态、生产目的、环境条件等的羊对能量和各种营养物质的需要量均存在差异。肉羊养殖过程中应用饲养标准需注意以下几点：

1. 应用饲养标准要结合当地的饲料资源　将饲料的产地、来源、营养含量等情况与肉羊的体质、利用饲料的能力等有机地结合起来，做到合理利用。特别是饲料原料应考虑立足本地，有利于降低饲养成本，提高经济效益。

2. 不要盲目引用饲养标准　借鉴国外或使用国内的饲养标准，要选择在饲料资源、肉羊的品种、管理等条件上与本地相近者，边应用、边总结调整，不要生搬硬套，盲目引用。

3. 合理使用饲养标准　使用某个饲养标准都要根据实际饲养效果和生产成绩，进行衡量和适当的增减调整，使之符合肉羊养殖生产实际。“标准”规定的营养定额一般只对具有广泛或比较广泛的共同基础的动物饲养有应用价值，对共同基础小的动物饲养则有指导意义。因此，要使“标准”规定的营养定额变得可行，必须根据不同的具体情况对营养定额进行适当调整。也只有注意“标准”的适合性和应用定额的灵活性，才能做到“标准”与实际生产的统一，才能获得良好的结果。

4. 饲养标准与效益的统一性 应用饲养标准规定的营养定额，不能只强调满足肉羊对营养物质的客观要求，而不考虑饲料生产成本，必须遵守营养与效益相统一的原则。要明白的是饲养标准中规定的营养定额实际上是显示了动物的营养平衡模式，按此模式向动物供给营养，可使动物有效利用饲料中的营养物质。在饲料或动物产品的市场价格变化的情况下，可以通过改变饲料的营养浓度，不改变平衡，可达到既不浪费饲料中的营养物质又实现调节动物产品的量和质的目的，从而体现饲养标准与效益相统一性的原则。

第二节　肉羊生态养殖饲料种类

一、粗饲料

粗饲料是指含水量小于45%而粗纤维大于或等于18%的饲料。粗饲料虽然营养价值较其他饲料低，但其来源广、种类多、产量大、价格低，是肉羊冬春两季的主要饲料来源，也是肉羊最基本、最主要的饲料。

（一）青干草

青干草是青草或其他青绿饲料及谷类作物，在质量和产量适宜的时期刈割，经日晒或人工干燥而制成的饲草，仍保留一定程度的青绿颜色，并能长期储存（图4-1）。

青干草的营养价值取决于原料的植物种类、刈割时期、调制方法及储藏技术等。从原料看，豆科植物制成的干草含有较多的粗蛋白质和可消化蛋白质。因此，其优良的青干草具有较高的饲用价值，不仅蛋白质中氨基酸较全，而且各种营养物质的含量与比例比较平衡，是肉羊能量、蛋白质、维生素的重要来源。从青草和牧草的生长期看，一般牧草在初花期或盛花期刈割，青草在二伏天刈割比较适宜。在实际生产中还应根据晾晒条件和天气情况适当调整刈割期。

图 4-1　青干草

（二）秸秆饲料

秸秆饲料指脱粒后的农作物茎秆和附着的干叶。这类饲料粗纤维可达 30%～50%，粗蛋白质为 2%～8%，且蛋白质品质差，缺乏必需氨基酸。虽然秸秆饲料适口性差，消化率低，能量价值和营养价值均低，但此类饲料种类繁多，资源极为丰富，也是肉羊的主要饲料，可以保证肉羊的干物质采食量。常用秸秆饲料有玉米秸秆、麦秸、稻草、豆秸、谷草等。

（三）秕壳饲料

秕壳是指农作物收获脱籽时，分离出许多包被籽实的颖壳、荚皮与外皮等，这些物质统称为秕壳。这类饲料的营养价值远不如青干草，只能满足羊维持能量。

（四）秧蔓类饲料

秧蔓类饲料有甘薯秧、花生秧等，其营养价值高，是羊的良好饲料。

（五）糟渣类饲料

糟渣类饲料主要有酒糟、豆类渣等。

1. 酒糟　酒糟是酿酒工业的副产品，经过了高温蒸煮、微生物菌种糖化、发酵、晒干后的副产物，其质地柔软，适口性好。但应注意糟中有残存的乙醇，长期饲喂可引起乙醇中毒。因酒糟中含有乙醇、甲醇等，种羊最好不要饲喂。

2. 豆类渣　豆类渣为豆类加工后的副产品，是很好的蛋白质饲料，但含水量较大。由于豆类含有胰蛋白酶抑制剂等多种抗营养因子，抑制动物生长。这些物质大多是热不稳定因子，加热处理后会失活。因此，为了充分利用豆渣的营养价值，必须煮熟后饲喂。但不可单独大量饲喂羊，饲喂过量易发生瘤胃臌气而致死。

二、青绿饲料

（一）天然牧草

天然牧草种类繁多，主要有禾本科、葡萄科、豆科、菊科、藜科、莎草科等，分布最广，利用最多。天然牧草适口性好，特别是在生长早期，细嫩可口，羊采食量高。

（二）栽培牧草

栽培牧草是指人工播种栽培的各种牧草，其种类很多，但以产量高、营养好的豆科和禾本科牧草为主，此外也包括青刈玉米、青刈麦草和青刈菜类等青饲作物。由于栽培牧草产量高，营养价值高，是青绿饲料的重要来源，可为肉羊常年提供丰富而均衡的青绿饲料。养羊业普遍栽培的牧草主要是豆科、禾本科牧草、菊科牧草、串叶松香草和紫草科牧草。牧草的品质主要包括粗蛋白质含量、消化率、适口性等，不同牧草的品质差异较大。

（三）鲜树枝叶类

我国有丰富的森林资源，大多数树木的嫩枝、叶子和果实都可以作为羊的饲料。

1. 灌木的饲用价值　灌木具有抗逆性强、植丛大等特点。一些灌木如豆科灌木粗蛋白质含量高，蛋白质含量占干物质的25%~29%。氨基酸种类齐全，是很好的蛋白质补充饲料，同时还含有大量的维生素。

2. 树叶的饲用价值　多数树木的叶子可作为羊的饲料，其中优质紫穗槐叶、胡枝子、槐树叶、松针、银合欢等，还是羊的蛋白质和维生素的很好来源。

（四）块根、块茎类

块根、块茎类饲料主要包括胡萝卜、甘薯、马铃薯、木薯、甜菜等，常用来作为羊冬季主要青饲料的补充饲料，对哺乳母羊具有催乳作用。

三、青贮饲料

青贮饲料（图4-2）是将含水率为65%~75%的青绿饲料经切碎后，在密闭的青贮窖、塔、袋中，在厌氧条件下，通过厌氧乳酸菌的发酵作用，抑制各种杂菌的繁殖，而得到的一种粗饲料。青贮饲料气味酸香、柔软多汁、适口性好、营养丰富、利于长期保存，

图4-2　青贮饲料

是优良饲料来源。

四、能量饲料

能量饲料是指干物质中粗蛋白质含量低于20%，粗纤维含量低于18%，每千克干物质含有消化能10.46兆焦以上的饲料，这类饲料主要包括谷实类、糠麸类。

（一）谷实类饲料

谷实类饲料是最常用的能量饲料。谷实类饲料是指禾本科作物成熟的籽实，有玉米、高粱、小麦、大麦、燕麦、稻谷类等。这类饲料适口性好，消化率高，因而有效能值也高。正是由于有此营养特点，谷实类是羊的最主要的能量饲料。

（二）糠麸类饲料

糠麸类饲料是谷物的加工副产品，也是肉羊的重要能量饲料原料，主要有米糠、麦麸（小麦麸、大麦麸、燕麦麸）、玉米皮等，其中以米糠与小麦麸为主。

五、蛋白质饲料

蛋白质饲料是指干物质中粗纤维含量小于18%，粗蛋白质含量大于或等于20%的饲料。蛋白质饲料可分为植物性蛋白质饲料、动物性蛋白质饲料、单细胞蛋白质饲料、非蛋白氮等饲料。

（一）植物性蛋白质饲料

植物性蛋白质饲料包括豆类籽实、饼粕类及其他植物性蛋白质饲料。常见的豆类籽实有大豆、豌豆、蚕豆等；饼粕类有大豆饼粕、棉籽饼粕、芝麻饼粕、菜籽饼粕、花生饼粕等，其他植物性蛋白质饲料有玉米蛋白粉等。

（二）动物性蛋白质饲料

动物性蛋白质饲料主要指鱼类、肉类及乳品加工业的副产品，有肉粉、肉骨粉、血粉、羽毛粉、乳制品、内脏粉等。动物性蛋白质饲料以动物胴体及下脚料为原料生产加工的副产品，也常成为动物疾病的传染源或富集某些有毒化合物。鉴于疯牛病的发生和蔓延已给欧盟国家牛业和经济带来重大损失，而且感染人，危害人体健康，引发社会动荡，该病的主要传播途径是使用被疯牛病和绵羊痒病病原因子污染的肉骨粉等动物性饲料饲喂反刍动物。为了彻底切断疯牛病的传播途径，防止疯牛病在我国境内发生，我国农业部在 2001 年 3 月 1 日发布了农牧发〔2001〕7 号《关于禁止在反刍动物饲料中添加和使用动物性饲料的通知》，而且我国还制定了农业行业标准《无公害食品 畜禽饲料和饲料添加剂使用准则》（NY 5032—2006），不准在肉羊饲料中使用除蛋、乳制品外的动物源性饲料。

（三）单细胞蛋白质饲料

单细胞蛋白质又称微生物蛋白质或菌体蛋白，是利用工业废水、废气、天然气、石油烷烃类、农副加工产品以及有机垃圾等作为培养基，培养酵母、非病源性细菌、微型菌、真菌等单细胞生物体，然后经过净化干燥处理后制成，是饲料工业的重要蛋白质来源。

单细胞蛋白质营养价值高，含较多的粗蛋白质，而且有丰富的氨基酸、维生素和促生长因子，是一种具有较高价值的饲料蛋白质。蛋白质含量在 40%～60%，氨基酸组分齐全，含有较为丰富的微量元素。

（四）非蛋白氮饲料

凡含氮的非蛋白可饲物质均可称为非蛋白氮饲料（NPN）。蛋白氮包括饲料用的尿素、双缩脲、氨、铵盐及其他合成的简单含氮化合物。其作用是作为羊瘤胃微生物合成蛋白质所需的氮源，从而补充蛋白质营养，节省蛋白质饲料。

非蛋白氮的种类虽然很多，作为羊补充氮源的并不多，目前非蛋白氮类应用最广泛的是尿素。生产实践已证实，无论是从有效性，还是从经济可行性分析，其他非蛋白氮的含氮化合物，都不如尿素。尿素来源广、成本低，用适量尿素代替羊日粮中的蛋白质，可以降低饲养成本，提高生产性能，并有显著效果。

1. 尿素的使用 肉羊饲喂尿素时，可将尿素干粉均匀混入混合饲料和粗饲料中喂给，混入量一般占混合饲料或粗饲料的1%~2%。尿素氮的含量不超过日粮总氮量的25%~30%。对妊娠和哺乳母羊每只每天喂13~18克，6个月以上的青年羊每日每只8~12克，但对瘤胃功能尚未发育完全的羔羊不宜补饲尿素。也可按肉羊体重饲喂，羊饲喂尿素的最大用量为每千克体重0.1~0.3克，超过0.3克不仅日粮的适口性大大降低，而且能引起羊尿素中毒。以上规定尿素日用量，每日分早、中、晚3次饲喂，切不可将1天的喂量1次全部饲喂，以免造成尿素中毒。

尿素也可制作成尿素青贮饲料和氨化饲料利用。青贮饲料制作时，由于玉米秸秆等禾本科作物蛋白质含量低，青贮过程中可边装铡短的原料，边洒尿素溶液，按青贮原料鲜重的0.5%~0.7%添加，一般不超过1%。若青贮原料干物质含量为35%时，则每吨青贮料添加2.25千克尿素；若干物质为40%时，添加2.5千克尿素。

2. 肉羊尿素中毒及防治 尿素饲喂过量或喂法不当，则易出现尿素中毒，如单独饲喂尿素；饲料混合不均匀；配比错误，喂量过大；饲喂给6月龄以下的幼羊；未经适应期，直接足量投喂（肉羊饲喂尿素应有适应期，一般经10~15天，由少到多，逐步达到计划用量，同时应注意使用时不要时用时停，以免影响瘤胃微生物的平衡）；尿素溶于水中饮用或饮水不当（肉羊在饲喂尿素后不能马上饮水，一般要求喂后半小时饮水为宜，也不能饮水过少）；饲喂粗饲料的质量太差；饲喂含尿素精料前采食太少等。羊轻度中毒表现口吐白沫，严重的便出现呼吸急促、肌肉震颤、出汗不止、动作失调等典型的氨中毒症状。

对于成年羊的尿素中毒，最常用的治疗方法是静脉注射

10%~25%的葡萄糖，每次100~200毫升；或灌服10~15升凉水，使瘤胃温度下降，从而抑制尿素的溶解，同时，冷水还能稀释氨的浓度，减缓瘤胃吸收氨的速度；也可灌服1升0.5%的食醋，用冷水和食醋同时灌服效果更好；如果喂1升左右20%~30%糖蜜浆或白糖溶液效果更好。对于幼年羔羊尿素中毒，急救方法与成年羊相同，但是剂量要根据体重酌减。

六、矿物质饲料

（一）常量元素矿物质饲料

1. 食盐　食盐的成分是氯化钠，包括海盐、井盐和岩盐三种。精制食盐含氯化钠99%以上，粗盐含氯化钠95%，纯净的食盐含氯60%、含钠39.7%，此外尚有少量的钙、镁、硫等杂质。食用盐为白色细粒，工业用盐为粗粒结晶。食盐是羊不可缺少的矿物质饲料之一，因羊饲用的植物性饲料大都含较少的钠和氯，而含钾丰富。为了保持羊生理上的平衡，维持体液正常的渗透压，食盐对羊有着非常重要的作用。同时，饲料中添加食盐还可以改善适口性，提高羊的食欲。一般在风干日粮中添加1%的食盐为宜，喂量过多，会引起中毒。缺碘地区，可补饲碘化食盐。

2. 石粉　石粉又称石灰石粉，为天然的碳酸钙，含钙34%~38%，是补钙最廉价、最方便、来源最广的矿物质饲料。

3. 磷酸氢钙　磷酸氢钙为白色或灰白色粉末，含磷量为16%~18%，含钙23%。磷酸氢钙中的钙、磷利用率高，是优质的钙、磷补充饲料，这种既含钙又含磷的矿物质饲料在生产中使用较多。

4. 碳酸氢钠　碳酸氢钠也称小苏打，不仅可以补充钠，更重要的是其具有缓冲作用，能够调节日粮电解质平衡和胃肠道pH值。研究证实，在反刍动物饲粮中添加碳酸氢钠可以调节瘤胃pH值，防止精料型饲粮引起代谢性疾病，提高增重效果。羊一般添加量为0.2%~1%，与氧化镁配合使用效果更好。

5. 硫酸钠 硫酸钠又名芒硝，为白色粉末。一般含钠32%以上，含硫22%以上，生物利用率高，既可补钠又可补硫，硫的利用率为54%，特别是补钠时不会增加氯含量，是优质的钠、硫源之一。补充量不宜超过饲粮干物质的0.05%。

6. 贝壳粉 贝壳粉是各种贝类外壳（蚌壳、牡蛎壳、蛤蜊壳、螺蛳壳等）经加工粉碎而成的粉状或粒状产品。主要成分为碳酸钙，含钙35%~38%，纯度为95%以上，其吸收利用率比石粉稍好。

（二）微量元素矿物质饲料

地球上可供动物饲用的天然矿物质，除了石灰石和磷矿石等，还有其他一些天然矿物质，如沸石、麦饭石、膨润土、稀土和泥炭等，它们不仅含有常量元素，而且富含微量元素。并且由于这些矿物质结构的特殊性，所含元素大都具有可交换性和可溶出性，因而容易被羊所吸收利用。肉羊栏内可放置微量元素舔块（图4-3），以补充肉羊营养所需的微量元素。

图4-3 羊用微量元素舔块

第三节　肉羊生态养殖饲料配合技术

一、日粮配合及饲料配方设计应遵守的原则

日粮是指肉羊一昼夜采食的饲草或饲料的量。日粮配合就是根据肉羊的饲养标准和饲草饲料的营养成分，选择几种适宜的饲草饲料互相搭配，使日粮能满足肉羊的营养需要。饲料配方是根据肉羊的营养需要、饲料的营养价值、原料及价格等条件，合理地确定各种饲料的配合比例，这种饲料配合比例叫饲料配方。

（一）安全性与合法性

肉羊的日粮配制或饲料配方设计必须遵守国家有关的法律法规和行业标准规定，如《饲料和饲料添加剂管理条例》《饲料卫生标准》《无公害食品肉羊饲养饲料使用准则》等，严禁使用明令禁用的兽药和非法饲料添加剂，尽量采用无公害和绿色饲料添加剂，使日粮或饲料配方设计有一定的内在质量，使之达到安全、无毒、卫生、无药残、无污染，完全符合营养指标、感观指标和卫生指标的标准。

（二）以饲养标准为基础

肉羊配合饲料的作用是要保证其生长发育、生产能力等所需的营养。因此，在进行日粮配制时，首先要以肉羊不同生理阶段的饲养标准和选用饲料的营养成分与营养价值表为依据，并根据本地的饲养实践灵活应用。

肉羊饲养标准的选择首先以既有的所养殖肉羊品种各生理阶段的标准为参考，如参照中国农业行业《肉羊饲养标准》（NY/T 816—2004）和 Keral（1982）推荐的适宜发展中国家的山羊饲养标准，也可参照美国 NRC 推荐的饲养标准，并根据本地具体情况进行适当调整。参照选用的肉羊饲养标准中规定的各营养指

标，且指标中至少要考虑干物质采食量、消化能或代谢能（兆焦/千克）、粗蛋白质（CP）、粗纤维（CF）、钙（Ca）、磷（P）、食盐（NaCl）、微量元素（铁、锰、铜、锌、硒、碘、钴等）、维生素A、维生素D和维生素E等指标。肉羊具体营养水平要求，则根据肉羊在不同阶段的生理特点及营养需要进行科学配制，如母羊在空怀期、怀孕期、哺乳期，要分别给予适宜的饲养水平。

（三）选择适宜的饲料原料

1. 注意日粮的适口性　除了选择适口性好的饲料原料外，还可在日粮中添加饲料调味剂，如食盐、胡萝卜等，提高日粮的适口性。

2. 尽量选择适口性好、来源广、营养丰富、价格便宜、质量可靠的饲料原料　饲料占肉羊生产成本50%~70%，在配制日粮时要尽可能选用营养丰富、价格低廉、容易获得的饲料原料。要因地制宜，选用当地容易得到、价廉的饲料原料作为主要成分，并认真地进行成本核算，设计可行的饲料配方。

3. 考虑肉羊的消化生理特点，选用适宜的粗纤维饲料　肉羊是反刍动物，在进行饲料配制时，必须含有一定比例的粗纤维饲料，以符合其生理消化特点。因此，可大量使用青干草，尤其是农作物秸秆，还有品质优良的苜蓿干草、豆科和禾本科混播的青刈干草、青贮玉米等，降低精饲料的喂量。禁止使用动物性饲料，充分使用饼粕类。但对羊肉品质有影响的饲料，如菜籽粕、糟渣类饲料、蚕蛹粉等应尽量少用。

4. 饲料原料要多样化　饲料原料多样化，可起到养分互补，达到饲料间组合正效应，能提高饲料的全价性和饲养效益。

（四）以青、粗饲料为主，适当搭配精饲料

为了充分发挥肉羊瘤胃微生物的消化作用，在日粮组成中，以青、粗饲料为主，首先满足其对粗纤维的需要，再根据情况适

当搭配好精、粗饲料的比例。精饲料的喂量不宜过高，四季不缺青、粗饲料和多汁饲料，所配日粮与消化道的容积相适应，这是保证肉羊正常消化的物质基础。

（五）注意饲料添加剂的合理使用

饲料添加剂是配合饲料的核心，要选择安全、卫生、高效、低毒、无残留又经过国家批准使用的饲料添加剂，如非蛋白氮、过瘤胃氨基酸、脲酶抑制剂、生长促进剂、酶制剂瘤胃代谢调控剂、微生态制剂、中草药饲料添加剂等。

（六）各种饲料在配制时一定要混合均匀

对使用比例较小的饲料添加剂应先与少量饲料预混合，然后再和大量饲料混合均匀。如果混合不均匀，肉羊个体间采食不均，除了失去应发挥的作用外，也易造成中毒而带来不应有的损失。

二、配制日粮的方法与步骤

（一）配制日粮的方法

配制日粮的方法有手工计算和计算机优化饲料配方设计两种。

1. 手工计算法　手工计算法简称手算法，即运用掌握的肉羊营养和饲养知识，结合日粮配制原则，运用交叉法、方程组法、试差法等进行运算，最终设计出日粮配方。此配方计算技术是近代应用数学与动物营养学相结合的产物，也是饲料配方的常规计算方法，简单易学，可充分体现设计者的意图，而且设计过程比较清楚，但需要有一定的实践经验，计算过程复杂，且不易筛选出最佳配方。手工计算法适合在饲料品种少的情况下使用。其设计饲料配方的基本步骤为：

第一，查找羊的饲养标准表，找出羊的营养需要量。根据羊的品种、性别、年龄、体重等查找出羊的营养需要量。

第二，查所选饲料的原料营养成分及营养价值表。有条件的地方或对于要求精确的最好使用实测的原料养分含量值，这样可减少误差。

第三，确定日粮精、粗比配制日粮。首先确定肉羊每日的精、粗饲料喂量，并计算出精、粗饲料所提供的营养成分的数量。一般根据当地精、粗饲料的来源、品质、价格，最大限度地利用当地所产精、粗饲料，特别是粗饲料的利用。

第四，与饲养标准比较，调整能量和蛋白质含量。与饲养标准相比较，确定应由精料补充料提供的干物质及其他养分数量，配制精料补充料，并对精料原料比例进行调整，直到达到饲养标准要求。调整能量含量一般常用玉米、麦麸等精料来调整。每日的总能量需要量与粗饲料所提供的能量之差，就是精料需要提供的能量。调整蛋白质含量一般多用植物性蛋白质饲料进行调整，通常用的是豆粕、芝麻饼、花生饼和菜籽饼、棉籽饼，禁用动物性蛋白饲料。每日的总蛋白需要量与粗饲料和精料二者所提供的蛋白质之差，就是需由蛋白质饲料所提供的蛋白质。

第五，调整矿物质含量。主要是调整钙和磷及食盐含量。此时，若钙、磷含量没有达到肉羊的营养需要量，就需要用适宜的矿物质饲料进行调整。每日的总矿物质需要量与粗饲料、精饲料、蛋白质饲料三者所提供的矿物质之差，就是需由矿物质饲料提供的矿物质补充量，食盐另外添加。

第六，确定日粮配方。最后将所有饲料原料提供的各种养分进行综合，与饲养标准相比较，调整到基本一致（范围在±5%）。最后确定羊的日粮配方和所提供的营养水平，并附精料补充料配方。

2. 计算机优化饲料配制方法 现在用于反刍动物配方的软件较多，具体操作各异，但无论哪种配方软件，所有原理基本相同，即根据有关数学模型编制专门程序软件进行饲料配方的优化设计。涉及的数学模型主要包括线性规则法、多目标规划法、模糊线性规划法、参数规划法等。其中最常用的是线性规划法原理，可优化出最低成本饲料配方。目标规划法及模糊线性规划法也是较为理想的优化饲料配方的方法。应用这些方法获得的配方也称优化配方或最低成本配方。配方软件主要包括两个管理系统，即原料数据库和营养标准数据库管理系统、优化计算配方系统。对熟练掌握计算机应用技术的人员，除了购买现成的配方软件外，还可以应用电子表格、SAS 软件等进行配方设计，非常经济实用。使用计算机成本优选配方技术可采用多种饲料原料，同时考虑多项营养指标，设计出营养成分合理、价格低的配合饲料配方，工作简化，效率较高，但也必须遵循常规饲料配方计算的基本知识和技能。该方法适合规模化肉羊养殖场使用。

（二）日粮配制要求与示例

1. 肉用羊精料的配制要求　肉用羊能量消耗较大，在制定饲料配方时应使其能量水平高些。谷物饲料，如玉米的比例可控制在 50%~80%，糠麸类在 10%~20%，饼粕类在 10%~25%。育肥期间的能量水平应由低到高进行调整，如日粮的消化能在 11.70~13.5 兆焦/千克；蛋白质水平可从高向低调整，一般从 18%降到 12%；矿物质常量元素主要考虑钙、磷和食盐。用石粉或贝壳粉补充钙，钙水平在 0.7%~0.9%；用磷酸氢钙调整总磷水平在 0.5%~0.7%；食盐为 0.5%~0.8%。育肥羊还可使用饲料添加剂，如生长促进剂、缓冲剂、微量元素和维生素，以及过瘤胃氨基酸产品等。

2. 手工计算法示例

（1）试差法配制肉羊日粮：所谓试差法，就是按日粮配合的原则，结合肉羊的饲养标准规定和饲料的营养价值，先粗略配合所选用的饲料原料，计算出各种营养成分，再与饲养标准相对照，对过剩的和不足的营养成分进行调整，最后达到符合饲养标准的要求为止。试差法配制日粮的一般步骤如下：①先确定限制饲料的比例。如在配制羊日粮过程中，对有高粱的原料，考虑到高粱中含单宁，一般高粱不超过10%为宜。②用玉米和豆饼来平衡日粮的能量和粗蛋白质。③用矿物质饲料平衡钙、磷水平。④各项养分分别相加后与饲养标准相比较，再加以调整。

手工计算法一般达不到100%，但如不超过±5%即为合格，否则可增减个别饲料比例，或更换饲料品种。

具体配制方法举例如下。

示例：一批体重25千克的育肥山羊，计划日增重0.20千克，试用中等品质苜蓿干草、羊草、玉米青贮、玉米、大豆饼、棉粕、磷酸氢钙、食盐等原料配制日粮。

第一步：查阅《肉羊饲养标准》（NY/T 816—2004）中育肥山羊每日营养需要量表，找出育肥山羊的营养需要量见表4-1。

表4-1 育肥山羊每天每只的营养需要量

营养指标	营养需要
体重/千克	25
日增重/（千克/天）	0.2
DMI/（千克/天）	0.81
代谢能（兆焦/天）	7.63
粗蛋白质（克/天）	91
钙/（克/天）	8.8
磷/（克/天）	5.9
食盐/（克/天）	4.0

第二步：查饲料营养价值表，列出几种饲料原料的营养成分，见表4-2。

表 4-2　饲料原料营养成分（以干物质为基础）

原料	干物质（%）	代谢能（兆焦/天）	粗蛋白质（%）	钙（%）	磷（%）
苜蓿干草	90.0	7.20	19.3	1.07	0.32
羊草	88.3	6.07	3.6	0.25	0.18
玉米青贮	22.7	7.74	8.1	0.10	0.06
玉米	88.4	14.27	9.7	0.04	0.21
麦麸	88.8	10.33	17.6	0.11	0.98
大豆饼	90.6	14.43	47.5	0.32	0.5
棉粕	92.2	12.22	36.7	0.31	0.64
磷酸氢钙	98.0			23.3	18.0

第三步：确定粗饲料的用量，设定该育肥山羊日粮精、粗比为 40∶60，即粗饲料占日粮的 60%，精饲料占日粮的 40%，则育肥山羊粗饲料干物质进食量为 0.81×60% =0.486 千克，精饲料干物质进食量为 0.81×40%=0.324 千克。

假设粗饲料中玉米青贮日给干物质 0.242 千克，羊草 0.122 千克，苜蓿干草 0.122 千克，计算出粗饲料的总养分，与标准相比，确定需由精料补充的差额部分，见表 4-3。

表 4-3　日粮粗饲料所提供的养分

日粮组成	干物质（千克/天）	代谢能（兆焦/天）	粗蛋白质（克/天）	钙（克/天）	磷（克/天）
苜蓿干草	0.122	0.88	23.55	1.31	0.39
羊草	0.122	0.74	4.39	0.31	0.22
玉米青贮	0.242	1.87	19.6	0.24	0.15
总计	0.486	3.49	47.54	1.86	0.76
差额（精料标准）	0.324	4.14	43.46	6.94	5.14

第四步：用试差法制定精饲料日粮配方。由以上饲料原料组成日粮的精料部分，按经验和饲料营养特性，将精料应补充的营养配成精料配方，再与饲养标准相对照，对过剩和不足的营养成分进行调整，最后基本达到符合饲养标准的要求，如表 4-4 所示。

表 4-4　日粮精料配方

原料	比例（%）	干物质（克/天）	代谢能（兆焦/天）	粗蛋白质（克/天）	钙（克/天）	磷（克/天）
玉米	70	226.8	3.24	22	0.28	1.47
麦麸	20	64.8	0.67	11.4	0.22	1.96
大豆饼	3	9.72	0.14	4.62	0.1	0.15
棉粕	5	16.2	4.25	5.95	0.16	0.32
食盐	1	3.24				
预混料	1	3.24				
合计	100	324	4.25	43.97	0.76	3.9
精料标准		324	4.14	43.46	8.04	5.9
差额		0	+0.11	+0.51	−7.28	−2

第五步：调整矿物质和食盐含量。由表 4-4 可知，能量和蛋白质均满足需要，钙、磷不足，可补充石粉 7.28/0.35 = 20.8（克/天），补充磷酸氢钙 2/0.18 = 11.11（克/天），食盐添加 4.0 克/天。

第六步：列出日粮配方。全面调整后的日粮组成及营养水平见表 4-5 所示。

表 4-5 育肥山羊日粮配方

原料	DMI［克/（天·只）］	组成比例（%）
玉米	226.8	26.9
麦麸	64.8	7.7
大豆饼	9.72	1.2
棉粕	16.2	1.9
苜蓿干草	122	14.5
羊草	122	14.5
玉米青贮	242	28.7
石粉	20.8	2.5
磷酸氢钙	11.11	1.3
食盐	3.24	0.4
预混料	3.24	0.4
合计	841.91	100

（2）交叉法配制肉羊日粮：交叉法又称四角法、方形法、对角法或图形法，简单易学，一般用于饲料原料不多，考虑指标较少的情况下使用此方法。其缺点是在配制日粮中，不能考虑多项营养指标，采用饲料种类较多时，运用此法较复杂。

示例 1：用混合干草和豆粕为体重 70 千克的带双羔的哺乳母羊配制含蛋白质 15%的混合日粮。其计算步骤如下。

第一步：查饲养标准和饲料成分及营养价值表。查饲料成分及营养价值表后混合干草的可消化蛋白含量为 8.9%，豆粕的可消化蛋白含量为 43.0%。查《肉羊饲养标准》（NY/T 816—2004），体重 70 千克带双羔的哺乳母羊日需可消化粗蛋白 226 克。

第二步：画交叉图，在交叉图中标出所需配制的混合饲料中粗蛋白质需要量。交叉图的左上角和左下角分别为饲料中蛋白质的含量，沿对角线方向，以大减小，计算差数，如图 4-4 所示。

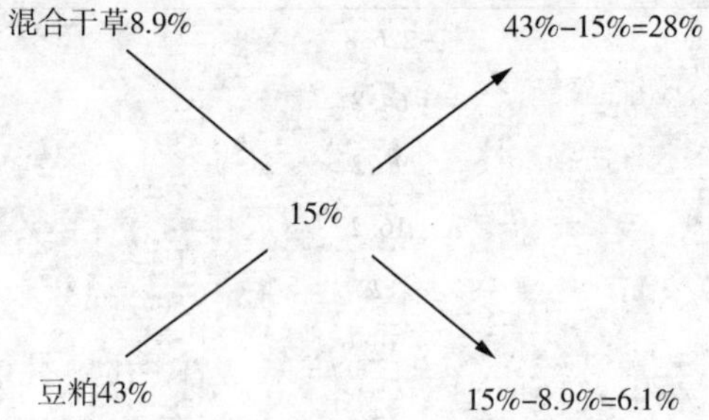

图 4-4　交叉法计算饲料配方图

第三步：计算。各差数分别除以这两差数之和，为这两种饲料的百分比，即饲料配方的组成。

混合干草应占的比例为：28%/（28%+6.1%）=28%/34.1%=82.1%。

豆粕应占的比例为：6.1%/（28%+6.1%）=6.1%/34.1%=17.9%。

或豆粕应占的比例为：100%-82.1%=17.9%。

第四步：列出日粮配方。由以上计算得出，体重 70 千克的带双羔的哺乳母羊的日粮由 82.1%的混合干草和 17.9%的豆粕组成。

示例 2：用可消化蛋白含量为 8.9%的混合干草（苜蓿干草 30%，野干草 50%，苏丹草 15%，沙打旺 5%）和可消化蛋白含量为 43%的蛋白质饲料（豆粕 50%、麻饼 20%、菜籽粕 30%）给体重 70 千克的带双羔的哺乳母绵羊配制含蛋白质 15%的混合日粮。其计算步骤如下。

第一、二步：同示例 1。

第三步：计算结果。体重 70 千克的带双羔的哺乳母绵羊的日粮由 82.1%的混合干草和 17.9%的植物蛋白质饲料组成。

第四步：计算日粮中各原料的比例。由于混合干草由 30%苜蓿干草、50%野干草、15%苏丹草、5%沙打旺组成；植物蛋白质饲料由 50%豆粕、20%麻饼、30%菜籽粕组成，因而计算出：

苜蓿干草为：30%×82.1%=24.63%。

野干草为：50%×82.1%=41.05%。

苏丹草为：15%×82.1%=12.32%。

沙打旺为：5%×82.1%=4.10%。

豆粕为：50%×17.9% =8.95%。

麻饼为：20%×17.9%=3.58%。

菜籽粕为：30%×17.9%=5.37%。

第五步：列出计算后的日粮配方，如表 4-6 所示。

表 4-6　体重 70 千克带双羔哺乳母绵羊的日粮配方

饲料原料	苜蓿干草	野干草	苏丹草	沙打旺	豆粕	麻饼	菜籽粕
比例（%）	24.63	41.05	12.32	4.10	8.95	3.58	5.37

三、饲料的污染与防治

饲料在生产、加工、运输、储存及调制等过程中，残留混入各种有毒有害物质，造成饲料的污染，包括生物污染、化学污染（如农药污染）等。除造成直接的环境污染外，还间接通过食物链危害人畜健康。饲料中有毒有害物质有相当一部分是来源于饲料的生物污染，主要包括细菌及其毒素的污染、霉菌及其毒素的污染、寄生虫及饲料昆虫的污染等。

（一）微生物的污染

1. 细菌污染　污染饲料的细菌常见的有沙门杆菌、肉毒梭菌、葡萄球菌。沙门杆菌中肠热型菌群可引起人类发病，而其他沙门杆菌仅能对动物发病，很少感染人类。饲料被细菌污染后碳水化合物、蛋白质等被分解，饲料发黏，渗出物增加，颜色改变，因酸度升高呈“发酸”味，并带有特殊难闻的恶臭味。饲料营养物质遭到破坏，营养价值大大降低，增大了致病菌及产毒霉菌存在的可能性，使动物发病甚至中毒。有些腐败变质的物质可直接危害动物健康。

2. 霉菌污染 霉菌是饲料生物污染源之一，它在自然中广泛存在，饲料原料在田间生长到收获、储藏、运输、加工等各个环节，都有可能造成危害。目前已知污染饲料的产毒霉菌有100多种，可产生200多种霉菌毒素，其中只有30多种霉菌和菌株对畜禽的危害最大，主要有黄曲菌毒素，其中有黄曲霉、棕曲霉、杂色霉等。霉变饲料可导致人、畜的急性和慢性中毒或癌症、肿瘤等。

霉菌的水解酶能破坏饲料中的碳水化合物，分解脂肪，改变维生素的含量，降低蛋白质比例，严重减少饲料中赖氨酸和精氨酸水平。霉菌污染饲料后，会出现发热、发潮、结块、生霉，并产生使人厌恶的酸味和辛辣味，颜色变成黄绿色直至灰黑色，最后使饲料霉烂，失去使用价值，多造成环境污染。

3. 微生物污染的控制 控制微生物的污染，首先要注意饲料原料被污染的控制。在收割、晾晒、储藏饲料原料时，要做到快收、快打、快储，储藏温度一般为13℃以下，可抑制大多数微生物及螨的生长，水分在10%以下可限制大多数害虫的发育。凡抗逆性强、籽粒饱满、成熟度高、无病虫害的原料不易受霉菌污染。其次，注意加工运输、营销过程中的污染。如把好原料质量关，控制好加工过程中的水分和温度，改善饲料加工工艺，加强饲料生产管理及饲料卫生管理，定期清洗饲料机械等。饲料运输启运前严格执行饲料卫生标准进行认真检查。营销过程中防止积压，及时处理超过保质期的饲料等。另外，使用防霉剂减少霉变现象发生，主要的防霉剂有丙酸及盐类、山梨酸及其盐类、露保细盐、抗氧喹、柠檬酸、克霉灵、防霉净、双乙酸钠、富马酸二甲酯、苯甲酸铀等。

（二）农药污染

农药对农作物生长起到了积极作用，但长期运用使得害虫产生抗药性，致使农药用量与次数不断增加，残留加重。目前全世界的农药有 1 400 多种，大量使用的有 300 多种，主要是有机氯农药，包括六六六、滴滴涕、氯丹、艾氏剂等，这类农药化学性质稳定，在土壤中的半量降解时间较长，六六六为 2 年，滴滴涕为 3~20 年，这些农药不仅对动物内分泌、免疫、生殖系统产生毒害作用，而且具有致癌作用。

有机磷农药是应用最广泛的一类农药，包括毒性剧烈的对硫磷、有机磷、内吸磷、甲拌磷和高效、低毒、低残留的乐果、敌百虫、敌敌畏等。目前我国对于剧毒的有机磷农药已停止生产和使用，对低磷的有机磷农药仍在广泛使用。污染饲料有机磷农药进入机体后，随血液和淋巴分布于各组织之中，有的能透过血脑屏障对中枢神经系统产生毒性作用，有的能通过胎盘影响胎儿的生长发育。畜禽有机磷农药中毒后表现为食欲减退、流涎、疝痛、可视黏膜苍白、呼吸困难等。除上述农药外，氨基甲酸酯类农药、有机磷农药均可造成污染，导致畜禽中毒，并通过食物链影响人体健康。

四、饲料卫生标准

饲料卫生标准对饲料的卫生质量的要求体现在各项指标上。饲料卫生标准质量指标包括感官指标、毒理学指标、生物性指标。

1. 感官指标　感官指标是人的感觉器官所能辨认的饲料性质，包括饲料的色、香、味、组织构型等。饲料的某种污染和轻微变质常可反应在感官指标上。如霉菌污染时可使饲料出现异味、异常的颜色和结块。因此，感官指标规定要求饲料色泽一致、无异臭、无异味、无结块和无霉变外观等。

2. 毒理学指标 毒理学指标是根据毒理学原理和检测结果规定的饲料中有毒有害物质的限量标准，主要包括饲养中的天然有毒物质或在某种情况下由饲料正常成分形成的有毒物质，如霉菌毒素、各种残留农药、有毒金属及其他化学性污染物等。饲料卫生标准中对这些有毒成分规定了一定的允许含量。

3. 生物性指标 生物性指标包括各种生物性污染，主要是霉菌和细菌的数量。饲料是否发霉变质不能仅凭感官鉴定，还应对污染饲料的霉菌和细菌有明确的定量规定，如霉菌总数、细菌菌落总数、大肠菌群、沙门杆菌、金黄色葡萄球菌的数量等。这些指标可表明饲料的清洁程度、饲料变质可能性的大小、饲料被动物粪便污染的程度和肠道致病菌存在的可能性。

为规范我国饲料卫生安全，由全国饲料工业标准化技术委员会提出，国家质量监督检验检疫总局于 2001 年 7 月 20 日批准的《饲料卫生标准》（GB 13078—2001），规定了饲料、饲料添加剂产品中有害物质及微生物的允许量及其具体的试验检测方法。

第四节 农牧结合生态养羊技术

一、农作物秸秆养羊技术

（一）主要农作物秸秆的饲用价值

我国是农业大国，农作物秸秆资源十分丰富，常见的有玉米秸秆、麦秸、稻草、豆秸、谷草等。肉羊对不同农作物秸秆的消化率见表 4-7。

1. 玉米秸秆 玉米秸秆具有光滑外壳，质地坚硬。生长期短的玉米秸秆比生长期长的玉米秸秆粗纤维少，易消化。同一株玉米秸秆，上部比下部的营养价值高，叶片又比茎秆的营养价值高。

2. 麦秸　常用作饲料的有小麦秸、大麦秸和燕麦秸。在麦类秸秆中，燕麦秸是饲用价值最好的一种。

3. 稻草　稻草较其他秸秆柔软，适口性好。一般粗蛋白质2.7%~3.8%，粗纤维28%~35%，粗脂肪为1.0%，羊的消化率为50%左右。

4. 豆秸　豆秸有大豆秸、豌豆秸和蚕豆秸等，其叶片大部分脱落，秸秆含木质素较高，质地坚硬，维生素与蛋白质含量低。

5. 谷草　谷草即粟的秸秆，其质地柔软厚实，适口性好，可消化吸收粗蛋白质和总养分均较高。

表4-7　羊对主要农作物秸秆饲料的消化率

饲料名称	样品特征		消化率（%）			
	粗蛋白质（%）	粗纤维（%）	粗蛋白质	粗脂肪	粗纤维	无氮浸出物
玉米秸（风干）	3.5	32.3	50	44	54	62
玉米芯（粉碎）	5.8	46.2	58	60	37	37
扁豆壳	11.0	25.3	12	46	67	70
蚕豆秸（风干）	7.9	35.2	47	57	41	64
蚕豆荚（粉碎）	15.4	16.5	32	55	58	78
大豆秆	4.9	36.4	29	31	36	58
大豆荚（风干）	4.9	28.0	44	57	51	73
大豆皮	9.4	26.1	73	55	48	56
大麦秸（风干）	4.0	34.7	17	43	56	51

续表

饲料名称	样品特征		消化率（%）			
	粗蛋白质（%）	粗纤维（%）	粗蛋白质	粗脂肪	粗纤维	无氮浸出物
稻草（晒干）	5.7	31.0	38	56	51	48
稻壳	2.8	41.1	7	31	12	29
谷草（风干）	8.8	23.9	60	64	68	67
高粱壳（风干）	9.4	14.9	39	51	49	75
花生壳	17.3	10.1	25	92	0	16
黑麦秸（风干）	7.5	34.8	39	22	57	46
绿豆秸（风干）	4.5	40.4	54	54	64	55
小麦秸（风干）	5.7	30.4	25	52	53	48
小麦皮壳	5.3	27.5	42	47	47	50
向日葵皮壳	3.7	50.4	27	28	26	43
燕麦秸（风干）	7.1	30.1	65	48	61	58

（引自：王玉琴等，《肉羊生态高效养殖实用技术》，2014）

（二）农作物秸秆的加工调制技术

1. 物理加工法

（1）机械加工：机械加工是指利用机械将秸秆铡短、粉碎、揉搓、压块、展青等，通过改变秸秆的物理性状来提高牲畜对秸秆饲料的采食量，进而提高秸秆饲料的利用率，这是处理秸秆饲料最简便又常用的方法。

切短是秸秆进行其他处理的预处理，是最简便而重要的处理方法。经切短的秸秆不仅便于动物咀嚼，减少能耗，而且还减少饲料浪费，便于同其他饲料混合，改善家畜适口性，提高采食量和消化率。

粉碎使秸秆横向和纵向得到破坏，扩大粉碎料和微生物接触面，有利于细菌集群和消化，提高秸秆消化率。同时通过粉碎还可以进行制粒或膨化处理。

秸秆揉搓技术是通过秸秆揉搓机将秸秆揉搓成短丝条状。经过处理后，秸秆的适口性更好，家畜的吃净率更高，减少了秸秆的浪费。

秸秆压块是用机械将铡短的秸秆饲料在特制模具中压成一定形状的草块。既可以方便运输又便于存储，在压块的过程中可以添加一定的添加剂，提高其营养成分，可提高秸秆的消化利用率。

展青主要是将秸秆和苜蓿铺到一起进行压榨，秸秆吸收苜蓿的汁，同时苜蓿可以更快风干的一种方法，经过压榨后的秸秆不仅组织结构更加松散易于消化，而且营养水平得到了提高。

（2）秸秆软化：秸秆软化常用的方法有浸湿软化和蒸煮软化两种。蒸煮软化可以使秸秆的适口性得到改善，但不能提高其营养价值。蒸煮软化需要燃料，加工成本大，使用不多，已被其他加工方法取代。浸湿软化是用水或食盐水将秸秆浸湿软化，或加入少量精料进行拌合调味，这是农村常用的方法。

（3）热喷处理：热喷技术是一种热力效应和机械效应相结合的物理处理方法。此方法可以使经热喷的粗饲料适口性改善，增加进食量，从而提高粗饲料的利用率。其工作原理是在水蒸气的高温高压下，使秸秆中的木质素熔化，纤维素分子断裂、降解，当秸秆排入大气中时，造成突然卸压，产生的内摩擦力喷爆，进一步使纤维素细胞撕裂，细胞壁疏松，从而改变了秸秆中粗纤维的整体结构和分子链的构造。秸秆经过热喷处理后，质地柔软，味道芳香，营养价值和利用价值大大提高。

(4) 粒化处理：颗粒化技术是将秸秆经粉碎揉搓之后，根据肉羊营养需要设计配方与其他农副产品（秕壳、干草等）、精料及饲料添加剂（维生素、矿物质等）搭配，用饲料加工机组生产出大小不同形状的颗粒饲料。一般秸秆和秕壳在颗粒饲料中的适宜含量为30%~50%。秸秆颗粒饲料的特点是很容易将维生素、微量元素、非蛋白氮和添加剂等成分强化进颗粒饲料中，提高营养物质的含量，使饲料达到各种营养元素平衡，并改善适口性，从而提高动物采食量和生产性能。这种饲料营养价值全面，易于保存和运输，有利于机械化饲养或自动食槽的使用，利于咀嚼，改善适口性。其技术操作简单，实用性强，饲喂效果明显，一次性投资不高，是一项值得推广的实用技术。

(5) 射线照射：射线照射处理是利用 γ 射线等照射低质秸秆，一般可提高动物体外消化率和瘤胃低级挥发性脂肪酸的产量，在一定辐射剂量条件下，用射线辐射再经1%氨+5%氢氧化钙处理的秸秆，可大大提高秸秆的消化率。

2. 化学处理法（氨化法） 氨化法是生产中应用比较广泛的一种秸秆化学处理法，即用氨、尿素等碱性化合物处理秸秆。秸秆的氨化是迄今最经济而又实用的秸秆处理方法。通过在秸秆中加入一定比例的氨水、液氨、尿素等（多数用液氨和尿素），促使秸秆中木质素与纤维素、半纤维素分离后，使纤维素及半纤维素部分分解，结构疏松，细胞膨胀，从而提高秸秆的适口性、消化率、营养价值。用于氨化的原料主要是禾本科作物秸秆，如麦秸、玉米秸、稻草、向日葵、油菜秆以及其他作物秸秆。所选用的秸秆必须没有发霉变质。

氨化处理秸秆比较实用的是尿素氨化处理。尿素氨化秸秆由于其操作简便，是调制秸秆饲料生产中应用最普遍的一种秸秆调制技术。常见尿素处理秸秆方法有：堆垛氨化法、窖储氨化法、塑料袋氨化法等。目前较适用的是窖储氨化法，此法是我国目前推广应用较普遍的一种秸秆氨化方法。窖储氨化法首先根据需要确定窖的大小，窖的形式也多种多样，可建在地上、地下或半地上，通常每立方米装碎的风干秸秆 150 千克左右。从生产实践中看，长方形窖为好，若在窖的中间砌一隔墙，建成双联窖更好，因双联窖可轮换氨化秸秆。双联窖（图 4-4）最好用砖和水泥制成，用这种永久性窖进行秸秆氨化，可以节省塑料薄膜的用量，降低氨化成本，容易测算秸秆的重量，便于确定尿素的用量，也便于管理。尿素添加量冬季一般为秸秆重量的 3%，夏季为 5. 5%，加水量为秸秆重量的 50%~60%。

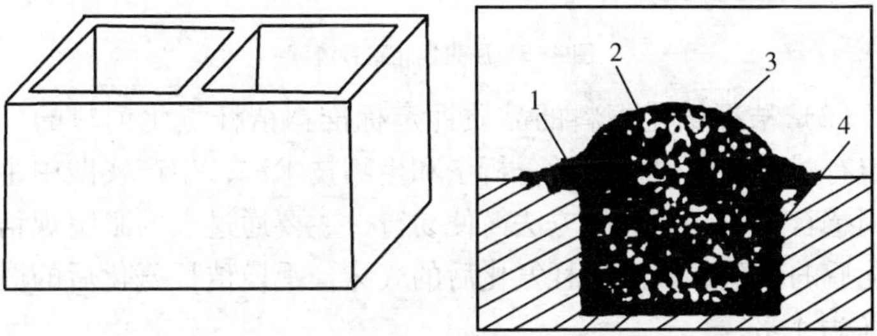

图 4-4　双联池（左）氨化窖断面图（右）

1. 泥土　2. 塑料薄膜　3. 秸秆　4. 窖壁

（1）窖储氨化秸秆的操作步骤：

第一步，先将秸秆切成 2 厘米左右，每 100 千克秸秆用 5 千克尿素、40~60 升水。将尿素溶于水中，搅拌至完全溶化。

第二步，将溶化的尿素水分数次喷洒在秸秆上，拌匀，入窖前后喷洒均可。如果在入窖前将秸秆摊开喷洒则更为均匀。

第三步，喷洒尿素水的秸秆边装窖边踩实，特别是窖的四角要踩实。

第四步，装满后用塑料薄膜覆盖密封，窖顶要稍高，便于排水，再用细土压好（图 4-5）。氨化所需时间受温度影响较大，一般气温 0~10℃，氨储天数在 30~60 天；气温 10~20℃，氨储天数 15~30 天；气温 20~30℃，氨储天数 10~15 天。

图 4-5　尿素氨化秸秆流程

（2）秸秆氨化饲料的品质评定标准：秸秆氨化饲料的品质评定有感官评定法、化学分析法和生物技术法，生产实践中主要采用感官评定法。这种方法简便易行，主要通过人的眼睛观秸秆氨化后的颜色，鼻闻秸秆氨化后的气味，手摸秸秆氨化后的湿润度（表 4-8）。

表 4-8　氨化秸秆饲料质量感官法评定标准

评定内容	氨化秸秆饲料质量			
	氨化好	未氨化好	霉变	腐烂
色泽	新鲜秸秆呈深黄色或黄褐色，发亮，颜色越深质量越好；陈年秸秆呈褐色或灰色	颜色与氨化前相同	呈白色，或发黑，有霉点	呈深红色或酱色
气味	开封时有强烈氨味，放氨后呈煳香或酸面包味	无氨味，仍为普通秸秆味	强烈的霉味	有霉烂味

续表

评定内容	氨化秸秆饲料质量			
	氨化好	未氨化好	霉变	腐烂
质地	柔软，松散，放氨后干燥	无变化，仍较坚硬	变得糟损，有时发黏	发黏，出现酱块状
温度	手插入温度不高	手插入温度不高	手插入有发热感	手插入有发热感

氨化后的秸秆如变为白色或灰色，并发黏或结块等霉变，通常是因为秸秆含水率过高和密封不严造成的，也有开封后未及时晾晒所致。如氨化后的秸秆颜色同氨化前基本一样，说明没有氨化好。氨化秸秆饲料等级评定可按氨化前一般秸秆粗蛋白质量分数为3.5%计算，氨化后达到5.6%（相当于一般草料如狗尾草）即为及格；达到7.0%（相当于一般优质牧草如黑小麦）为良好；达到8.4%为优秀（表4-9）。

表4-9　氨化秸秆饲料质量等级

质量等级	及格	良好	优秀
粗蛋白质量分数提高率（%）	≥60，<100	≥100，<140	≥140

（引自：刘向阳等，中国农业大学学报，2002）

（3）秸秆氨化饲料喂羊需注意的事项：

1）饲喂秸秆饲料的要求：饲喂氨化秸秆饲料时，必须用“头天取料放氨，次日饲喂，喂后半小时饮水”的方式，以避免氨中毒。具体应做到：第一，要根据当地气候条件，掌握好秸秆氨化成熟的时间，采用尿素氨化秸秆，一定要使尿素完全溶解；第二，要掌握好散氨的时间，一般晴天在10小时以上，阴雨天在一天一夜以上，用鼻闻稍有氨味，但不刺激鼻和眼为度，也不能使氨化秸秆晾晒的时间过长，否则会影响氨化效果；第三，对未断奶的羔羊严禁饲喂秸秆氨化饲料，以免发生中毒。

2）秸秆氨化饲料喂羊要预防氨中毒：

A. 中毒原因：一是秸秆氨化饲料开封后未经散氨而直接饲喂引起羊中毒；二是秸秆氨化时间过短，尿素分解不完全，用此氨化秸秆喂羊也会发生中毒；三是阴雨天气，秸秆氨化饲料中余氨散发不彻底，羊饲喂后也会引起中毒。

B. 中毒症状：羊中毒后，表现为精神呆滞和沉郁，食欲减退或绝食，反刍减少或停止，唾液分泌过多，步态不稳，这是羊轻微氨中毒症状。严重者表现不安，呼吸急促而呻吟，肌肉震颤，运动失调，腹胀，口吐白沫，倒地直至窒息而死。

C. 治疗方法：发现羊有中毒症状时，要立即停喂秸秆氨化饲料，并检查分析中毒原因，及时采取防治措施。对中毒羊可灌服食醋 1.5 千克，同时灌服 1 升清水或白糖水；也可用硫代硫酸钠静脉注射，同时用高渗葡萄糖、水合氯醛、葡萄糖酸钙等对症治疗，可提高疗效。对有炎症的慢性中毒羊，除选用上述药物外，可选用抗菌药物注射，如青霉素等。对恢复期的羊可灌服健胃剂，以利瘤胃微生物的恢复。

（三）微生物处理法（青贮饲料）

1. 青贮的原料及设施 制作青贮的原料较多，有玉米秸秆或全株玉米、禾本科的黑麦草和苏丹草以及其他瓜菜类的副产品，甘薯秧、白菜叶、萝卜叶等。此外，可饲用的小灌木枝叶、树叶等都可以作为青贮原料。采用低水分青贮的方法，豆科牧草也可以作为半干青贮原料。

青贮设施中，青贮塔（图 2-4）、青贮窖（图 4-6）是青贮饲料使用最多的青贮设施，其优点是建窖成本低，技术要求不高；缺点是窖贮饲料损失率大，一般在 8%～12%。当青贮原料少时，最好建造圆形窖。因为圆形窖与同样容积的长方形窖相比，窖壁面积要小，储藏损失小。青贮塔（图 2-4）的优点则是坚固、经久耐用，青贮料霉坏损失率低，使用中受气候影响较小。缺点是建塔费用较高，适用于在地势低洼，水位高的地区及大型牧场或城市郊区使用。装青贮料一般从塔顶部装入，取青贮料可采用由顶部或底部两种取料法。袋装青贮是采用 0.8～1.0 毫米厚的聚乙烯塑料薄膜制成塑料袋，用户只需把青贮原料切短，压实装袋，扎口，保证不透气，然后堆积在避光阴凉处（图 4-7）。其优点是经济简便易行，青贮物料质量好，营养可保存 85%以上，物料损失小，便于人力搬运和取用，但在储放期间要注意预防鼠害和薄膜破裂，以免引起二次发酵。袋装青贮缺点是塑料袋成本较高，袋装量大时需要配备压实装填机。

图 4-6　地下青贮窖

图 4-7　袋装青贮料

2. 调制青贮饲料应具备的基本条件

（1）青贮原料的水分含量要适宜：无论何种青贮方式，为保证青贮料的质量，青贮原料中含有适宜的水分是保证乳酸菌正常活动与繁殖的重要条件，过高或过低的含水量都会影响正常的发酵过程与青贮料的品质。青贮原料的适宜水分随原料的种类和质地不同而异，常规青贮（一般青贮）装窖或装袋前要将原料水分降到60%~70%为宜，超过75%则容易霉烂。半干青贮的原料经风干晾晒，含水量降至45%~55%为宜。最简单的水分测定方法可以通过手测，将原料切碎后握在手中，指缝中有水珠渗出但不滴下，这时原料的含水量较适宜。若原料水分过高可适当加一些麦麸等干粉，原料水分过低时在青贮时可混加一些含水分较高的原料，使含水量适宜。

（2）常规青贮的原料要有足够的含糖量：常规青贮过程是一个把青贮原料中的糖分转化成乳酸的发酵过程。乳酸的产生和积累，使青贮饲料内酸度提高，在 pH 值下降到 4.2 时，可抑制各种有害微生物的生长和繁殖，达到保存青绿饲料的目的。要让青贮饲料处于最佳发酵状态，必须保证青贮原料不低于 2%的含糖量，一般要求 3%左右即可。对含糖量低的原料如豆科牧草、瓜藤等，青贮时每 100 千克可添加糖 5 千克，也可与含糖较高的禾本科牧草按 4∶6或 5∶5比例混合后进行混储，同样可制成优质的青贮饲料。

（3）厌氧环境：乳酸菌属于厌氧型菌，最适宜在厌氧环境中生长、繁殖。青贮饲料处于厌氧环境，必须做好三点：一是要把青贮原料切成 5 厘米以内的短节，经过切碎之后，容易装填原料，也便于踩压，而且原料切碎后会有部分细胞汁液渗出，有利于乳酸菌的生长繁殖；二是要压实，压实是为了排除青贮窖内的空气，减弱腐败菌等好氧微生物的活动，从而提高青贮饲料的质量；三是要密封，密封的目的是保持青贮窖内的厌氧环境，以利于乳酸菌的生长和繁殖。

（4）合适的温度：青贮时还必须要求青贮窖内有合适的温度，青贮料的温度最好在25~35℃，在此温度内乳酸菌能够大量繁殖，抑制其他杂菌繁殖。然而青贮过程中温度是否适宜，关键在于青贮原料的水分含量是否合适、青贮原料是否有足够的含糖量及青贮窖是否处于厌氧环境这三个条件。当能满足这三个条件时，青贮温度一般会维持在30℃左右，这个温度有利于乳酸菌的生长与繁殖，保证青贮料的质量。如果不能满足上述条件，就有可能造成青贮过程中温度过高。温度过高可能出现过量产热而抑制乳酸菌增殖，助长其他杂菌，如丁酸菌等增殖，形成高温青贮，使青贮料变臭不能饲用，而造成青贮失败。

3. 青贮的步骤和各环节的主要技术要点

（1）制作青贮饲料的主要步骤：制作青贮饲料是一项短时间内的突击性工作，其过程概括起来要做到“六随三要”，即随割、随运、随切、随装、随踩、随封，连续操作，当天完成。特殊情况下完不成的，需先行密封。青贮原料要切短，装填要踩实，窖顶要封严。制作青贮饲料的主要步骤为，收割→运输→切碎→装窖（喷洒添加剂）→踩实→密封。

（2）制作青贮饲料主要环节的技术要点：

1）适时收割：一般来说，成功地调制优质青贮饲料的关键技术是控制青贮原料的水分，这就必须掌握好各种青贮饲料的原料收割时间，做到及时收获。一般青贮玉米在乳熟时收割，半干青贮在腊熟期收割，黄贮玉米秸在完熟期提前15天摘穗后收割。收果穗后的玉米秸青贮，宜在玉米穗成熟、玉米茎叶仅有下部1~2片叶枯黄时，立即收割玉米秸青贮。豆科牧草宜在现蕾期至开花期进行收割。禾本科牧草在孕穗至抽穗期收割。甘薯藤在收薯前1~2天或霜前收割。这时期的原料营养成分都高，含水量也较适宜，便于制作优质青贮饲料。

2）及时运输：要对刈割的原料及时运输到青贮地点，放置时间长后，水分蒸发，养分损失。

3）切短：少量青贮原料的切短可用人工铡草机，大规模青贮可用青贮切碎机，一般切成 1.2～2 厘米碎段较好。对青贮玉米秸，要求破节率在 70%以上。

4）装填压实：如果是用青贮窖青贮，在装青贮原料前，可先在窖底部填一层 10～15 厘米厚的切短的干秸秆或青干草，以便吸收青贮液汁。切碎后的原料进行常规青贮，含水率应在 60%～70%为好。装填过程一般是将青贮切碎机置于青贮窖旁，使切碎的原料直接落于窖内。装填青贮料时应逐层装入，每层装 15～20 厘米厚时踩实一次，然后继续装填，尤其是边缘部分和四个角踩得越实越好。切忌等青贮原料装满后一次性的压实。最好一次装满，如不能一次装满，则装填一部分，立即在原料上面盖上塑料薄膜，次日继续装填。青贮料紧实程度也是青贮成败的关键之一。青贮紧实度适当，发酵完成后青贮饲料下沉一般不超过深度的 10%。

5）密封窖顶：可防止漏水透气。当原料装到超过窖口 60 厘米时，即可加盖封顶。封顶一定要严实，绝对不能漏水透气，这也是调制优质青贮饲料的一个重要的关键环节。封顶时，先在青贮原料上面盖一层 10～20 厘米切短的秸秆或青干草，再盖一层塑料薄膜，薄膜上面再压上 30～50 厘米厚的土层，窖顶呈馒头形，有利于排水。

6）加强管理：青贮窖的四周要挖排水沟，同时要经常检查，防止漏水透气。一般在窖封顶之后，青贮原料都要下沉。特别是封顶后第一周下沉最多，一旦发现由于下沉造成顶部裂缝或凹陷，及时用土填平并密封好，切实保证青贮窖内处于无氧环境。

4. 青贮饲料的品质鉴定标准

（1）色泽：青贮料的颜色因原料的种类而异，一般优质的青贮饲料应接近作物原先的颜色。一般品质优良的青贮饲料颜色呈黄绿色或青绿色，中等的为黄褐色或暗绿色，劣质的为褐色或黑色。

（2）气味：优质青贮饲料有好闻的酸味、果香或芳香味，这种青贮料 pH 值在 4.0 以下，乳酸含量多。若有刺鼻的酸味、则醋酸较多，青贮料品质较次。若有强烈的臭味、氨味加上腐烂腐败的青贮料为劣等，不能作为羊饲料使用。有碱性气味或酯味的青贮料表明正在二次发酵。

（3）质地：优良的青贮饲料，虽然在窖内压得非常紧实，但拿时松散柔软，略湿润，不黏手，植物的茎叶等结构能清晰辨认，茎、叶、花保持原状，而且容易分离。中等青贮饲料植物茎叶部分保持原状，也柔软，但水分稍多。劣等的青贮饲料结成一团，腐败发黏，植物结构受到破坏及呈黏滑状态，这是青贮饲料腐败的标志，黏度越大，表示腐败程度越高。青贮饲料的感官鉴定标准见表 4-10。

表 4-10　青贮饲料感官鉴定标准

等级	色	香	味	质地
优良	接近原料的颜色，一般呈黄绿色或青绿色	芳香、酒酸味，给人以舒适感	酸味浓	湿润松散，保持茎叶花原状
中等	黄褐色、暗褐色	芳香味弱，并稍有酒精或醋酸味	酸味中	柔软，水分稍多，基本保持茎叶花原状
低劣	黑色、墨绿色	刺鼻臭味、霉味	酸味淡，味苦	腐烂成块，无结构，黏糊、滴水

5. 青贮饲料的使用

（1）开窖取用时注意的事项：青贮饲料一般要经过 40 ~ 50 天才能完成发酵过程，此时即可开窖饲用。开窖时间根据需要而定，一旦开窖利用，就必须每天按羊实际采食量连续取用。

（2）青贮饲料的科学利用：青贮饲料具有酸味，初喂青贮饲料时，部分羊会因不习惯而拒食，这就需要进行驯饲。驯饲的方法有四种：一是在羊饥饿空腹时先喂少量青贮饲料，然后再喂其他饲料；二是将少量青贮饲料与精饲料混合后饲喂，然后再喂其他饲料；三是将青贮饲料放在饲槽的底层，上层放常喂的草料，让羊逐渐适应青贮料气味；四是将青贮饲料与其他草料搅拌均匀后饲喂。在驯饲的基础上，青贮饲料的用量可由少到多逐渐增加。但必须指出，青贮饲料的饲用必须与精料或其他饲料，按羊饲养营养需要合理搭配饲用。不可一次性足量饲喂，造成胃内的青贮饲料过多，酸度过大，反而影响采食和生产性能。喂青贮饲料时胃内的 pH 值降低，容易引起酸中毒，应减少饲喂量或在混合精料中添加小苏打（碳酸氢钠），以降低胃中的酸度。

羊能有效地利用青贮饲料，而且饲喂青贮饲料的羔羊生长发育良好，成年羊肥育迅速。其喂量为绵羊每 100 千克体重日喂量：成年羊 4~5 千克，羔羊 0.4~0.6 千克。因青贮饲料含有大量的有机酸，有轻泻作用，对妊娠后期的母羊应少喂为宜。青贮饲料酸度过大，也会影响种公羊精液品质，因此，种公羊也以少喂为宜。冰冻、劣质的青贮饲料不能饲喂。

二、种草养羊技术

（一）常见牧草的基本特性

1. 豆科牧草　豆科牧草含有较高的粗蛋白质和钙，分别占干物质的 18%~24% 和 0.9%~2%，其他矿物质元素和维生素含量也较高，适口性好，易消化，主要品种有紫花苜蓿、红三叶和白三叶、草木樨、紫云英、沙打旺、毛苕子等。主要缺点是叶子干燥时容易脱落，调制干草时养分容易损失。

（1）紫花苜蓿：

图 4-8　紫花苜蓿

1）形态特征：紫花苜蓿（图 4-8）是豆科苜蓿属多年生草本植物，有“牧草之王”的称号，根系发达，茎秆斜上或直立，光滑，略呈方形，高 100~150 厘米，分枝很多。叶为羽状复叶，小叶长圆形或卵圆形，先端有锯齿，中叶略大。总状花序簇生，每簇有小花 20~30 朵，蝶形花有短柄，雄蕊 10 枚，1 离 9 合，组成联合雄蕊管，有弹性；雌蕊 1 枚。荚果螺旋形，表面光滑，有不甚明显的脉纹，幼嫩时淡绿色，成熟后呈黑褐色，不开裂，每荚含种子 2~9 粒。种子肾形，黄色或淡黄褐色，表面有光泽，陈旧种子色暗；千粒重 1.5~2.3 克，每千克有 30 万~50 万粒。

2）栽培要点：

紫花苜蓿抗逆性强，适应范围广，能生长在多种类型的气候、土壤环境下。性喜干燥、温暖、多晴天、少雨天的气候和高燥、疏松、排水良好、富含钙质的土壤。最适气温 25~30℃；年降水量为 400~800 毫米的地方生长良好，超过 1 000 毫米则生长不良。年降水量在 400 毫米以内，需有灌溉条件才生长旺盛。夏季多雨湿热天气最为不利。紫花苜蓿蒸腾系数高，生长需水量多。每构成1克干物质约需水800克，但又最忌积水，若连续淹水1~2天即大量死亡。紫花苜蓿适应在中性至微碱性土壤上种植，不适应强酸、强碱性土壤，最适土壤pH值为7~8，土壤含可溶性盐在0.3%以下即可生长。在海拔2 700米以下，无霜期100天以上，年平均气温4℃以上的地区都是紫花苜蓿宜植区。紫花苜蓿属于强光作用植物，刚开展的叶片同化二氧化碳的最大量为每小时每平方米70毫克；叶片的淀粉含量昼夜变幅大，干重从上午的8%增加至日落时的20%，其后含量急剧下降。

3）饲用价值：①产草量高：紫花苜蓿的产草量因生长年限和自然条件不同而变化范围很大，播后2~5年的每亩鲜草产量一般在2 000~4 000千克，干草产量500~800千克。在水热条件较好的地区每亩可产干草733~800千克；干旱低温的地区，每亩产干草400~730千克；荒漠绿洲的灌区，每亩产干草800~1 000千克。②利用年限长：紫花苜蓿寿命可达30年之久，田间栽培利用年限多达7~10年。但其产量在进入高产期后，随年龄的增加而下降。③再生性强：紫花苜蓿再生性很强，刈割后能很快恢复生机，一般一年可刈割2~4次，多者可刈割5~6次。④适口性强：紫花苜蓿茎叶柔嫩鲜美，可青饲、青贮、调制青干草、加工草粉、用于配合饲料或混合饲料。⑤营养丰富：紫花苜蓿茎叶中含有丰富的蛋白质、矿物质、多种维生素及胡萝卜素，特别是叶片中含量更高。紫花苜蓿鲜嫩状态时，叶片重量占全株的50%左右，叶片中粗蛋白质含量比茎秆高1~1.5倍，粗纤维含量比茎秆少一半以上。在同等面积的土地上，紫花苜蓿的可消化总养料是禾本科牧草的2倍，可消化蛋白质的2.5倍，矿物质的6倍。

（2）白三叶：

图 4-9　白三叶

1）形态特征：白三叶（图 4-9）为多年生草本植物，叶层一般高 15~25 厘米，高的可达 30~45 厘米。主根较短，但侧根和不定根发育旺盛。株丛基部分枝较多，通常可分枝 5~10 个，茎匍匐，长 15~70 厘米，一般长 30 厘米左右，多节，无毛。叶互生，具有 10~25 厘米的叶柄，三出复叶，小叶倒卵形至倒心形，长 1.2~3 厘米，宽 0.4~1.5 厘米，先端圆或凹，基部楔形，边缘具钢锯齿，叶面具“V”字形斑纹或无；托叶椭圆形，抱茎。花序呈头状，含花 40~100 余朵，总花梗长；花萼筒状，花冠蝶形，白色，有时带粉红色。荚果倒卵状长形，含种子 1~7 粒，常为 3~4 粒；种子肾形，黄色或棕色。

2）饲用价值：白三叶草适口性优良，营养成分及消化率均高于紫苜蓿、红三叶草。在天然草地上，草群的饲用价值也随白三叶草的比重增加而提高。干草产量及种子产量则随地区不同而异。它具有萌发早、衰退晚、供草季节长的特点，在南方，供草季节为 4~11 月。全年产草量呈现春高—夏低—秋高的态势。白三叶草茎匍匐，叶柄长，草层低矮，故在放牧时多采食的为叶和嫩茎，因而它的营养成分及消化率为所有豆科牧草之冠。其干物质的消化率一般都在80%左右。同时，随草龄的增长，其消化率的下降速度也比其他牧草慢，如黑麦草平均每天下降率为0.5%，而白三叶每天则下降0.15%。

3）栽培要点：

白三叶草性喜温暖湿润的气候，不耐旱，最适于生长在年降水量为800~1 200毫米的地区。白三叶草种子在1~5℃时开始萌发，最适气温为19~24℃。它在冬季积雪厚度达20厘米，积雪时间长达1个月，气温在-15℃的条件下，能安全过冬。在7月平均温度≥35℃，短暂极端高温达39℃时，仍能安全越夏。

白三叶草喜于阳光充足的旷地，具有明显的向光性运动，即叶片能随天气和每天时间的变化以及光源入射的角度、位置而运动，早晨三小叶偏向东方，正对阳光；中午三小叶向上平展，阳光以30°的角度射到叶面。下午三小时叶偏于西方，至傍晚，三小叶向上闭合，夜间叶柄微弯，使合拢的三小叶横举或下垂，至次日重复上述运动过程。这种向光性运动，有利于加强光合作用，有利于营养物质的形成。在荫蔽条件下，叶小而少，开花亦不多，其产量及种子产量均低。根据对不同光照条件的对比，在全光照条件下，单位面积形成的花序数增加46.7%，平均每花序的小花数增加21.89%，平均千粒重增加7.84%，表明充足的光照可以促进白三叶草的生长与发育。

白三叶草适应的pH值为4.5~8.0。pH值在6~6.5时，对根瘤形成有利。在贵州贵阳地区秋播，开花结实良好，全生育期为298天，春播仅少数开花，种子成熟不好。白三叶草匍匐茎，可生长不定根，形成新的株丛，为耐践踏的放牧型牧草。在栽培条件下，与多年生黑麦草、猫尾草、羊茅、雀稗等禾本科牧草混播良好，但与鸭茅之间的拮抗性却较大。在混播的草地上，应防止禾本科草生长过于茂盛而抑制白三叶草的生长，可采用刈草和放牧的方法控制。另一方面也要控制白三叶草的比重，以防止反刍动物采食过量引起膨胀，一般禾本科草与白三叶草的产量以2∶1为好，既防止膨胀病，又可获得干物质和蛋白质在单位面积上的最高产量。白三叶草春秋均可播种，我国南方春播在3月中旬前，秋播宜在10月中旬前。千粒重0.5~0.7克，每千克粒数约145万粒。播种量每亩0.25~0.5千克。由于白三叶草幼苗期生长缓慢，应及时清除杂草或采用保护作物以控制杂草增加。在气候、土壤适宜的条件下，白三叶草可利用营养繁殖的能力继续繁衍，其种子成熟后也可自行落地，萌发生长，所以白三叶草能在草地上长期维持不败。为了保证产草量，应当在刈割后、入冬前或春季追施钙、镁、磷肥或过磷酸钙加石灰。白三叶草种子的生产应考虑选择适宜土壤——粉沙壤或轻壤土，充足的光照（15小时以上）和传播花粉的昆虫等条件。种子的采收以80%~90%的头状花序变为褐色时为宜。

（3）红三叶：

图4-10　红三叶

1）形态特征：红三叶（图4-10）主根明显，入土不深，根茎2/3分布在30厘米深表土层中，侧根发达，根瘤多，茎圆，中空，直立或斜上，长90~150厘米，分枝力强，一般有10~15个，多者可达30个，开花前形成强大的株丛。叶柄长3~10厘米，小叶卵形或长椭圆形，长3~6厘米，宽2~3.5厘米，基部稍宽，先端较狭，叶面有灰白色倒“V”形斑纹、全缘；托叶膜质，较大，长约2厘米，有紫色脉纹，大部连于叶柄，先端尖锐分出；茎叶各部均具茸毛。头形总状花序，聚生枝梢或腋生小花梗上，小花众多，常有35~150朵，红色或淡紫红色，异花受粉。萼片膜质，有毛，钟形，有尖齿5枚，1枚较长。荚小，横裂，每荚含种子1粒，肾形或椭圆形或近似三角形，黄褐色或紫色，千粒重1.5~2克。

2）饲用价值：红三叶草质柔嫩多汁，适口性好，可以青饲、青贮、放牧、调制青干草、加工草粉和各种草产品。调制青干草时叶片不宜脱落，可制成优质干草。青饲或放牧时，极少发生膨胀病。

3）栽培要点：红三叶喜温暖湿润气候，夏天不太热，冬天又不太冷的地区。最适气温在15~25℃，超过35℃，或低于-15℃都会使红三叶死亡，冬季-8℃左右可以越冬，而超过35℃则难越夏，要求降水量在1 000~2 000毫米。不耐干旱，对土壤要求也较严格，pH值6~7时最适宜生长，pH值低于6则应施用石灰调解土壤的酸度。红三叶不耐涝，要种植在排水良好的地块。与多年生禾本科牧草混播，可以使草地生产力稳定高产，饲草营养价值和适口性都可显著改善。红三叶是严格的异花授粉植物，每一花序每天开花2~3层，花期长达30~50天，是良好的蜜源植物。根系深长发达，根瘤众多，孕蕾至开花期根瘤固氮活性高，每亩能给土壤增加氮素10千克左右，肥力相当于每亩施用2 000~2 500千克厩肥。根茬能给土壤遗留大量的有机质，增强地力，宜于中长期草田轮作。

（4）草木樨：

图 4-11　草木樨

1）形态特征：草木樨（别名黄花草，黄花草木樨，香马料木樨，野木樨）（图 4-11）分布较广，为二年生或一年生草本，主根深达 2 米以下，茎直立，多分枝，高 50~120 厘米，最高可达 2 米以上；羽状三出复叶，小叶椭圆形或倒披针形，长 1~1.5 厘米，宽 3~6 毫米，先端钝，基部楔形，叶缘有疏齿，托叶条形；总状花序腋生或顶生，长而纤细，花小，长 3~4 毫米，花萼钟状，具 5 齿，花冠蝶形，黄色，旗瓣长于翼瓣。荚果卵形或近球形，长约 3.5 毫米，成熟时近黑色，具网纹，含种子 1 粒。

2）饲用价值：草木樨开花前，茎叶幼嫩柔软，家畜喜食。它既可青饲、青贮，又可晒制干草，制成草粉。只是开花后，植株渐变粗老，且含有 0.5%~1.5%的“香豆素”，带苦味，适口性降低，但经过加工，调制成干草或青贮，可使香豆素气味减少。从草木樨的营养成分看，无论在饲料中，或是干物质中，含的总能、消化能、代谢能和可消化蛋白，在豆科牧草中也都是比较高。草木樨含有多种矿质营养元素和微量元素，对于增加牲畜的营养非常重要。

3）栽培要点：草木樨喜欢生长于温暖而湿润的沙地、山坡、草原、滩涂及农区的田埂、路旁和弃耕地上，适应的降水范围为300~1 700毫米，对土壤的要求不严，从沙土到黏性土，从碱性土到酸性土，都能很好地适应，所适应的pH值为4.5~9。在冬季绝对最低温-40℃和夏季最高温41℃的情况下，都能顺利地通过，因此，它的耐寒、耐旱、耐高温、耐酸碱和耐土壤贫瘠的性能都是很强的。一年生的草木樨，当年即可开花结实，完成其生命周期，但二年生的，当年仅能处于营养期，翌年才能开花结实，完成其生命周期。就二年生来说，其返青期在温带地区，一般为4月中旬至5月中旬，在亚热带地区，一般为3月底至4月初返青。返青时的日均温一般为5~10℃。开花期，在温带地区，一般为6月初至7月初，亚热带地区，一般为5月中旬至7月底；结实期，在温带，一般是7月中旬至8月底，生育期为98~118天，亚热带，一般为8月初至9月中旬，生育期长达183~230天。草木樨为直根系草本植物，其颈部芽点不多，分枝能力有限，而大量的芽点分布于茎枝叶腋；所以，放牧或刈割，留茬不宜太低，如果要增加利用次数，只有适当增加留茬高度，一般留茬以15厘米左右为好，每年可刈割2~3次。草木樨主要靠种子繁殖。草木樨种子细小，应浅播，以1.5~2厘米为宜。在野生条件下，其产种量较高，自然繁殖能力是比较强的，其细小的种子（或荚果），主要靠自播和风力传播，其50%左右的硬实，主要通过将种子寄存于土壤中越冬，腐烂种皮后，翌年萌芽出土。如果进行人工播种，播种前必须采取措施擦破种皮，以提高其发芽率和出苗效果，或模拟其天然情况下克服硬实的方式，采取冬季播种，以使翌年春季出苗整齐一致。播种方法可条播、穴播和撒播。条播行距：20~30厘米为宜，穴播以株行距26厘米为宜好，条播每亩播种量为0.75千克，穴播为0.5千克，撒播为1千克。为了播种均匀，可用4~5倍干种子的沙土与种子拌匀后播种。在苗高13~17厘米时，结合中耕除草和追肥进行匀苗，可提高产量。当70%左右的种荚由绿变为黄褐色，即可及时收获种子。

（5）紫云英：

图4-12　紫云英

1）形态特征：紫云英（图4-12）为二年生草本，多分枝，匍匐，高10~30厘米，被白色疏柔毛。奇数羽状复叶，具7~13片小叶，长5~15厘米；叶柄较叶轴短；托叶离生，卵形，长3~6毫米，先端尖，具缘毛；小叶倒卵形或椭圆形，长10~15毫米，宽4~10毫米，先端钝圆或微凹，基部宽楔形，上面近无毛，下面散生白色柔毛，具短柄。总状花序生5~10朵花，呈伞形；总花梗腋生，较叶长；苞片三角状卵形，长约0.5毫米；花梗短；花萼钟状，长约4毫米，被白色柔毛，萼齿披针形，长约为萼筒的1/2；花冠紫红色或橙黄色，旗瓣倒卵形，长10~11毫米，先端微凹，基部渐狭成瓣柄，翼瓣较旗瓣短，长约8毫米，瓣片长圆形，基部具短耳，瓣柄长约为瓣片的1/2，龙骨瓣与旗瓣近等长，瓣片半圆形，瓣柄长约等于瓣片的1/3；子房无毛或疏被白色短柔毛，具短柄。荚果线状长圆形，稍弯曲，长12~20毫米，宽约4毫米，具短缘，黑色，具隆起的网纹；种子肾形，栗褐色，长约3毫米。花期2~6月，果期3~7月。紫云英主根较肥大，一般入土40~50厘米。侧根入土较浅，因此其抗旱力弱，耐湿性强。紫云英主根、侧根及地表的细根上都能着生根瘤，以侧根上居多数。茎呈圆柱形，中空，柔嫩多汁，有疏茸毛。栽培品种株高一般80~120厘米，野生的只有10~30厘米。叶多数为奇数羽状复叶，具7~13枚小叶。小叶全缘，倒卵形或椭圆形。荚果两列，联合成三角形，稍弯，无毛，顶端有缘。每荚有种子4~10粒，种子肾状，种皮光滑，一般黄绿色。千粒重3~3.5克。

2）饲用价值：青饲或调制干草，适口性好，各类家畜均喜食，而且营养价值高，可作为优质青绿饲料和蛋白质补充饲料。年可刈割2~3次，一般每公顷鲜草产量2 250~3 750千克，最高可达6 000千克。紫云英也可绿肥牧草兼用，利用上部2/3作饲喂，下部1/3及根部作绿肥。牛、羊、马等反刍动物虽然可以紫云英作饲料，但不宜吃得过多，以免引起腹胀病。

3）栽培要点：紫云英喜温暖的气候，一般有明显的越冬期，湿润而排水良好的土壤生长较好，幼苗期耐阴的能力较强，适于在水稻后期套种。幼苗期低于8℃生长缓慢；开春以后，日平均气温达到6~8℃以上时，生长速度明显加快。开花结荚的最适温度为13~20℃。紫云英在湿润且排水良好的土壤中生长良好，怕旱又怕渍，生长最适宜的土壤含水量为20%~25%，土壤以质地偏轻的壤土为主。紫云英种子萌发的适宜温度为15~25℃，发芽时需要吸收较多水分和大量的氧气。幼苗时期根系的生长比地上部快，越冬期间，根系和地上部生长较缓慢，开春后地上部生长加速，但根系的生长仍较平稳，到现蕾期后，地上部生长速度陡然加快，因此，到初花期地上部的干物质重量就大大超过根系。在盛花期，根系和地上部的干物质之比为1∶(4~6)。紫云英的根瘤菌属紫云英根瘤菌族，它不是土壤常住微生物区系，在未种植过紫云英的地区一般需要接种根瘤菌。根瘤菌的活性在返青期很弱，返青后急剧上升，初花期达到高峰，以后迅速下降。紫云英的开花期一般为30~40天，主茎和基部第一对大分枝的花先开，以后按分枝出现的先后，依序开放。

（6）沙打旺：

图4-13　沙打旺

1）形态特征：沙打旺（图4-13）是豆科黄芪属多年生草本植物，主根长而弯曲，侧根发达，细根较少。入土深度一般可达1~2米，深者可达6米。茎圆形，中空，一年生植株主茎明显，有数个到十几个分枝，间有二级分枝出现；二年生以上植株主茎不明显，一级分枝由基部分出，丛生，每丛数个到数十个二级或三级分枝。子叶出土，长椭圆形或卵圆形，第1、2片真叶为单叶，第3、4片真叶为单叶或复叶，从第5片起为奇数羽状复叶，小叶数3~25枚。总状花序，花序长圆柱形或穗形，长2~15厘米，每序有小花数十朵。花蓝色、紫色或蓝紫色，荚果长圆筒形或长椭圆形，具三棱。荚皮近膜质，被黑色、褐色、白色或彼此混生的毛，有数粒到数十粒褐色肾形种子，种子千粒重 1.4~1.8 克。

2）饲用价值：沙打旺作饲料的营养价值较高，可直接作青饲料，也可制成青贮、干草和发酵饲料。直接喂饲可在天然草场和人工草场放牧，也可割草喂饲。据辽宁省农业科学院试验，沙打旺幼苗期到盛花期，碳水化合物含量由 63%增加到 79%，无氮浸出物（淀粉、糊精和糖类等）由 45%减到 35%，粗纤维则由 18%增加到 37%，霜后落叶时增至 48%。从多地试验结果看，沙打旺粗蛋白质含量初花期为 12.29%，仅低于苗期（13.36%），而高于营养期（11.2%），现蕾期（10.31%）、盛花期（12.3%）和霜后落叶期（4.51%）。氨基酸总量以第一年最高，达 13%以上，2~7 年的植株中，变化幅度为 8%~9.6%。

3）栽培要点：发芽要求土壤水分不低于 11%，最好在 15%~20%，土壤温度 10℃以上。雨季温度水分条件适宜，播后 2~3 天即可发芽，5~7 天出苗。沙打旺幼苗期间生长缓慢，有“蹲苗”习性，但根系生长却很快。蹲苗过后，地上部生长逐渐加快。二年生以上植株，春季返青后生长速度较快，经过 90~110 天的营养生长后转入生殖生长。沙打旺的营养生长时间较长，在无霜期较短的地区一般当年不能开花结籽。二年生以上的植株一般在 7~8 月现蕾，种子成熟的时间为 25~35 天。沙打旺一般可生长 4~5 年，干旱地区可达 10 年以上。沙打旺抗逆性强，适应性广，具有抗旱、抗寒、抗风沙、耐瘠薄等特性，且较耐盐碱，但不耐涝。沙打旺的越冬芽至少可以忍耐-30℃的地表低温，连续 7 天日平均气温达 4.9℃时越冬芽即开始萌动。种子发芽的下限温度为 10℃左右。茎叶可抵御的最低温度为-6~-10℃。沙打旺的根系深，叶片小，全株被毛，具有明显的旱生结构，在年降水量 350 毫米以上的地区均能正常生长。在土层很薄的山地粗骨土上，在肥力最低的沙丘、滩地上等，沙打旺往往能很好地生长，而此时其他绿草如草木樨、苜蓿等则常常生长不良。沙打旺对土壤要求不严，并具有很强的耐盐碱能力，在pH值9.5~10.0、全盐量0.3%~0.4%的盐碱地上，沙打旺可正常生长。沙打旺的硬籽率不高，播种前一般不需进行种子处理。播种量撒播一般每亩0.5~0.75千克即可。沙打旺种子小，顶土力弱，播前最好适当整地，同时注意镇压保墒，以保全苗。

沙打旺从早春到初冬均可播种，春天宜顶凌播种，冬前寄籽比顶凌播种出苗早。沙害严重地区宜在风沙过后播种。夏末秋初的最终播期以其出苗后有一个多月的生长时间为度。其播种量因播种方法而异，一般穴播每公顷为3.75千克，条播7.5千克，散播11.2千克，飞机播种2.25千克，播后覆土1~2厘米，在干旱风沙大的地区，常采用“垄上深播后耢土”法，即将种子播到湿土层，覆土8~10厘米。管理上要适当补充钙、磷、钼、硼等养分，在雨季前叶面喷施钼酸铵或硼砂，及时除草，防病虫害和排除积水。沙打旺的花期较长，荚果成熟不一，成熟荚易自然开裂，应注意分期及时采荚收种。

（7）毛苕子：

图4-14　毛苕子

1）形态特征：毛苕子（图 4-14）播种后子叶不出土，茎叶由胚芽发育而成。根系发达，主根明显，入土深 1~2 米；侧根分枝多，密集分布在 20~30 厘米深土层中；根瘤扇形、姜形或鸡冠状，单株根瘤数 50~100 个。茎四棱中空，匍匐蔓生，长达 2~3 米，自然高度 40~60 厘米，基部有 3~6 个分枝节，每个分枝节有 3~4 个分枝，每株分枝 20~30 个，全株密生银灰色白茸毛；叶为偶数羽状复叶，每个复叶由狭长小叶 5~10 对组成，顶端有卷须 3~5 个。总状花序，每个花梗有小花 10~30 朵，聚生于花梗上部的一侧，花柱上部四周有长柔毛，花冠紫蓝色；花萼斜钟状，萼齿较长，有茸毛；二体雄蕊，九合一离；雌蕊 1 枚，柱头周缘有茸毛。荚果短矩形，两侧稍扁，长 2~3 厘米，宽 0.6~1厘米，具不明显网脉，色淡黄，光滑、易爆裂，每荚含种子 2~8 粒；种子圆形，黑褐色，种脐色略淡，千粒重 30~40 克。

2）饲用价值：饲用毛苕子青草产量高，草质柔软细嫩，叶多茎少，蛋白质、矿物质含量高，纤维素含量低，适口性好。一般亩产鲜草 1 000~2 500 千克。在旱作地区，土地肥力较好，雨水较多时，最高亩产鲜草可达 2 670 千克，最低也在 500 千克以上。毛苕子不但可以刈割饲用，还可用以放牧，对各种畜禽都适宜，但在放牧反刍家畜时不能单一过量采食，防止发生膨胀病。据甘肃农业大学草原系分析，开花期毛苕子全株干草分别含粗蛋白 19.81%，粗脂肪 1.366%，粗纤维 27.61%，无氮浸出物 43.253%，粗灰分 7.961%，钙 1.716%，磷 0.300 9%。

3）栽培要点：毛苕子是春性和冬性的过渡类型，但偏向冬性。在我国南方以秋播为主，在甘肃则多春播。产草量和种子产量以秋播的较高。毛苕子的耐寒能力很强，植株生长期能忍耐 -30℃的短期低温，种子发芽出苗的适宜气温为 18~20℃，在此温度下播种后 5~6 天即可出苗，在气温 10~15℃时播种 8~12 天出苗，若在冬前气温 5℃的条件下播种，只有部分出苗，在此气温下成株茎叶生长也基本停止，但仍嫩绿伸展，当气温稍有回升时，仍能继续生长。不耐夏季酷热，气温在20℃左右时，生长发育最快，气温超过30℃时，植株生长缓慢且细弱。耐干旱，能在土壤含水量8%的情况下生长，以土壤含水量在20%~30%时生长最好。在10%以下时出苗困难，达20%时出苗迅速。大于40℃时出现渍害。不耐水淹，受水淹两天后有20%的植株死亡。对土壤要求严，喜沙土或沙质壤土，排水良好的黏土也能良好生长，在低温、积水土壤生长不良，适宜土壤pH值在6~8.5，但可以在pH值4.5~9.0范围内种植，在土壤含盐量0.2%~0.3%时能正常生长，而在氯盐含量超过0.2%时难以立苗。耐瘠薄性也很强，在其他豆科牧草难以生长的盐碱地、贫瘠地上都能种植，并能获得较高的产量。毛苕子对磷肥反应敏感，每亩施入过磷酸钙25~50千克或磷二铵10~15千克为底肥，对牧草和种子生产均有良好效果，磷肥还能促进根瘤固氮作用。毛苕子幼苗生长缓慢，易受杂草危害，应及时中耕除草，加强护青管理工作。中耕深度3~6厘米，进行2~3次。

2. 禾本科牧草　禾本科牧草富含无氮浸出物，在干物质中粗蛋白质的含量为10%~15%，不及豆科牧草，但其适口性好，羊很爱吃，同时禾本科牧草容易调制干草而保存，再生能力强，适于多次刈割利用。主要品种有黑麦草类、皇竹草、苏丹草、羊茅类、饲用玉米等。

（1）黑麦草：

1）形态特征：黑麦草（图4-15）属多年生，具细弱根状茎，秆丛生，高30~90厘米，具3~4节，质软，基部节上生根，叶坚韧、深绿色。小穗长在“之”字形花轴上，叶舌长约2毫米，叶片线形，长5~20厘米，宽3~6毫米，柔软，具微毛，有时具叶耳。

2）饲用价值：黑麦草生长快、分蘖多、能耐牧，是优质的

图 4-15　黑麦草

放牧用牧草，也是禾本科牧草中可消化物质产量最高的牧草之一。黑麦草营养价值高，富含蛋白质、矿物质和维生素，其中干草粗蛋白含量高达 25%以上，且叶多质嫩，适口性好，以孕穗期至抽穗期刈割，直接饲喂最佳。

3）栽培要点：

A. 土壤条件：黑麦草对土壤要求不高，在较瘠薄的微酸性土壤上能生长，但产量较低，最适宜在 pH 值为 6~7，排水较好的肥沃壤土或黏土上生长，且土壤有机质含量越高，产量越高。

B. 整地：黑麦草种子小而轻，整地时要精耕细作，要求畦面平整，无土块，四周开深排水沟，沟深 30 厘米、宽 30 厘米，畦间开浅沟，深 15~20 厘米，宽 20 厘米，做到田间无积水，土壤既保持湿润，又不淹苗。套种的水稻田在播种前要求排水至土壤湿润，稻收割后，及时开好排水沟。

C. 播种：黑麦草可春播或秋播，播期为 8 月上旬至 11 月底，最适播种期在 9~10 月，一般播种越早，产草量越高。播种方式一般采用散播或条播，亩播种量 1.5~2 千克，种子可直接与钙、镁、磷肥拌种后播种，但遇天气干旱或土壤干燥，必须及时灌水，否则会影响出苗，播前最好在太阳下晒 1 小时后，用温水浸种 12 小时或 1%石灰水浸种 1~2 小时后再拌种，这样可提早出苗和提高出苗率。单季稻田套种，可在收割前 7~8 天播种。

D. 中耕除草：杂草主要发生在苗期，且播种期越早，杂草长势越旺，要做好除草，而播种期在 10 月下旬后，苗期一般杂草较少。除草方法有播前土壤处理、芽前处理和苗期处理三种，播前土壤处理即在播种前 1 天用草甘磷等喷洒，清除田间杂草；芽前处理即在播种后、出苗前用草甘磷喷洒；黑麦草苗期杂草一般以阔叶草为主，苗期处理可用阔叶草除草剂在 2~3 片叶时及时喷洒，对少量单子叶杂草如今还没有有效的除草方法，可采用人工的方法去除杂草。黑麦草分蘖盛期后生长旺盛，有较强的抑制杂草能力，不必除草。

E. 施肥：对水肥条件敏感，尤其喜氮肥。土壤越肥，增产效果越明显。在播种时要求亩施有机肥 3 000 千克左右作基肥，种子用 20 千克钙、镁、磷肥拌种，苗期和每次收割后，要追施氮肥，亩施 5~10 千克尿素。用沼液浇灌，增产效果更显著。

F. 灌水：对水分条件反应比较敏感，在分蘖、拔节、孕穗期适当浇水，遇干旱要及时灌水，保持土壤湿润，增产效果明显。

G. 收割：产量、收割次数与播种期、土壤肥力和收割时株高相关，以播种期的影响最大，8 月下旬至 9 月上中旬播种，年内可收割 1~2 次，翌年起至 6 月上旬可收割 3~6 次，春季每间隔 20~30 天可收割一次。为促进黑麦草分蘖，提高产量，要求第一茬及早收割，一般株高在 40 厘米时可收割，可促进其分蘖，收割时留茬 5 厘米，以利再生。

H. 利用：草质鲜嫩，营养丰富，适口性好，各种畜禽均喜采食，适宜青饲、调制干草、青贮和放牧，一般在营养期收割后适合青饲、孕穗期或抽穗期刈割后青贮、盛花期刈割后调制干草或青贮，株高在25~30厘米时宜放牧。

黑麦草常以单播或与多种牧草作物如紫云英、白三叶、红三叶、毛苕子等混播。混播草地放牧，不仅使家畜增膘长肉快，产奶多，还能节省精料。一般在播后2个月即可放牧1次，以后每隔1个月可放牧1次。放牧时应分区进行，严防重牧。每次放牧的采食量，以控制在鲜草总量的60%~70%为宜。每次放牧后要追肥和灌水1次。

（2）皇竹草：

图 4-16 皇竹草

1）形态特征：皇竹草（图4-16）属须根系植物，须根由地下茎节长出，扩展范围广。株高4~5米，茎粗4厘米，节间较短，节数为20~25个，节间较脆嫩，节突较小。分蘖多发生于近地表的地下或地上节，刈割后分蘖发生较整齐、粗壮，春栽单株分蘖可达20~25根。与象草相比，皇竹草的叶片较宽、柔软，叶色较浅，绿叶数多2~3片。

2）饲用价值：皇竹草属四碳植物，叶量较多，叶质柔软，茎叶表面则毛少，脆嫩多汁，适口性和饲料利用率都比象草高。皇竹草的粗蛋白质比象草高 9.3%~23.9%，随施肥水平增高，植株含游离氮增加，两种牧草的粗蛋白质含量的差异相对减少。皇竹草、象草植株各茎段的含糖量不同，皇竹草的平均锤度为 5.2，比象草高 8.3%，说明其可溶性含糖量较高，这对提高家畜的适口性有良好作用。

3）栽培要点：皇竹草的抗旱力强，抗涝力弱。可耐低温及微霜，但不耐冰冻，对土壤的肥力反应快速。其优点为产量高，竞争力强，收获期青割适口性良好。适宜热带与亚热带气候栽培，喜温暖湿润气候。年日照时间要求 1 000 小时以上，海拔 200~1 500 米，年平均气温 15℃以上，年降雨量 1 000 毫米以上，年无霜期 250 天左右的地区种植。

A. 栽植：皇竹草生长对土壤无特殊要求，各种类型土壤均能生长。皇竹草抗旱力强，在排水不畅的积水地区则生长不利。可耐低温及微霜，但不耐冰冻，对于土壤的肥力反应快速，牛粪为最佳肥料。用较粗壮、芽眼突出的节茎、种蔸和分蘖为繁殖材料。每节（芽）蘖为一个种苗。节（芽）可平放，也可斜放或直插，入土 7 厘米，保持土壤湿润，10~20 天可出苗。用分蘖栽植，深度 7~10 厘米，栽后及时追肥，以促进成活和生长，亩栽 2 000~3 000 株。

B. 施肥：可重施有机肥和氮肥，皇竹草耐肥性极强，为加快生长及提高产草量，可增加施肥次数和数量，并满足其对水分的要求。肥水条件越好，越能发挥高产优势。

C. 管理：生长前期加强中耕除草，适时浇水和追肥。当株高 80~200 厘米时，即可刈割利用，每年刈割 4~8 次，每刈割 1 次，施 1 次肥料，每亩施用尿素 25 千克或碳酸氢铵 50 千克。小苗生长前期有少量钻心虫危害，可使用水氨硫磷等农药防治。

（3）苏丹草：

图 4-17　苏丹草

1）形态特征：苏丹草（图 4-17）为一年生草本，须根粗壮，秆较细，高 1~2.5 米，直径 3~6 毫米，单生或自基部发出数至多秆而丛生。叶舌硬膜质，棕褐色，顶端具毛；叶片线形或线状披针形，长 15~30 厘米，宽 1~3 厘米，中脉粗，在背面隆起，两面无毛。

2）饲用价值：苏丹草抗旱能力强，能很好地适应气候温暖干旱地区的自然条件。分蘖期长，分蘖数量多，生长迅速，再生能力好，一年可刈割 2~3 次。产量高而稳定，草质好、营养丰富，其蛋白质含量居一年生禾本科牧草之首。可用于调制干草，青贮、青饲或放牧，家畜喜采食。

3）栽培要点：苏丹草喜温暖，耐旱力强，不耐寒、涝，适应土壤范围广，黏土、沙壤土、微酸和微碱性土壤均可栽培，但不宜种植在沼泽地和流沙地上。种子发芽最低温度 8℃，最适温度为 20~25℃；幼苗遇低于 3℃的温度即受冻害或完全冻死。成株在低于 12℃ 时生长变慢。根系强大，入土很深，能利用土壤深层的水分和营养。抗旱能力极强，在降雨量仅 250 毫米地区种植仍可获得较高产量。对水肥反应良好。苏丹草宜在晚霜后播种。生育期 100～120 天。进入分蘖期后的整个生育过程中能不断分蘖，而且从分蘖开始，生长速度加快，一昼夜生长 5～10 厘米。这期间施肥灌水可获高产。

苏丹草根系发达，栽培时应充分整地，创造疏松的耕层环境。一般深耕 20～22 厘米，并及时耙压。种植前要施足底肥，对红壤、黄壤和盐渍化土壤更应增施磷肥。当表土土温稳定在 10℃ 以上时即可春播，播期可延至 7 月。一般采用条播，行距为 30 厘米，每亩用种量 2～3 千克，播种深度 2～3 厘米，播后要填压。苏丹草可与一年生豆类作物混播。苏丹草出苗后应及时中耕除草，一般苗高 10～15 厘米时开始中耕除草 1 次，15 天后视情况再除草 1 次，将杂草消灭在封垄前。此外，除播种前放足底肥外，在分蘖、拔节、孕穗期以及每次收刈后，均应及时结合灌溉或淋水进行追肥一次。

（4）饲用玉米：

图 4-18　饲用玉米

1）形态特征：饲用玉米（图 4-18）鲜草叶片柔软，株高 2.3~3.2 米，穗粒 130 厘米左右，果穗长 20 厘米左右，种子千粒重 350 克左右、耐旱抗倒伏，抗大小斑病，长势强，茎干粗壮。

2）饲用价值：饲用玉米营养丰富，淀粉和可溶性碳水化合物含量高，木质素含量低，含较多的粗蛋白和胡萝卜素，玉米秸秆通过青贮具有酸香味，柔软多汁，适口性好，易消化，是冬季优良的青绿多汁饲料。

3）栽培要点：饲用玉米适应种植范围广。性喜水肥，要求农家肥作基肥，亩施 3 000~5 000 千克，二铵（分层是在种子层下 5 厘米处）作种肥亩施 10~15 千克，尿素（分层是在种子层下 5 厘米处）作追肥亩施 15~20 千克（其中含种肥 5 千克），在精耕细作和水肥条件充足的条件下，田间密度达到 8 000~10 000 株时，熟期刈割亩产青贮料可达 6 000~9 000 千克。一般每亩播量 3.5~4.5 千克。也可以在玉米行间与豆类、瓜类、马铃薯等作物间混套作，充分利用地力，增加总产量。

（5）菊科牧草：菊科牧草主要有串叶松香草、苦荬菜、菊苣等。

1）串叶松香草：

图 4-19　串叶松香草

A. 形态特征：串叶松香草（图 4-19）（别名松香草）又名

法国香槟草、菊花草。根茎肥大，粗壮，水平状多节。茎由头一年根茎上形成的芽发育而成，直立，四棱，呈正方形或菱形。株高200~300厘米，上部分枝。叶长椭圆形，叶面皱缩，稍粗糙，叶缘有缺刻，呈锯齿状。头状花序，花盘直径2~2.5厘米，种子为瘦果，心脏形，扁平，褐色，边缘有翅。每个花序有种子8~19粒，千粒重20克左右。茎顶或第6~9节叶腋间发生花序，头状花序边缘由舌形花数十朵组成。中间为管状雄花，雄花褐色，雌花黄色，花期较长。5月下旬开始现蕾，6月下旬至8月中旬进盛花期，8月初开始，种子陆续成熟。

B. 饲用价值：串叶松香草鲜草产量和粗蛋白质含量高，适应性强，含水量为85.85%，营养成分（占干物质百分含量）：粗蛋白26.78%，粗脂肪3.51%，粗纤维：26.27%，粗灰分12.87%，无氮浸出物30.57%。每千克鲜草可消化能量1 730千焦，可消化蛋白质33.2克。鲜草可直接饲喂，也可以经青贮后饲喂，干草粉可制作配合饲料。串叶松香草因有特异的松香味，各种家畜经过较短时期饲喂习惯后，适口性良好，饲喂的增重效果理想。但需注意大量饲喂串叶松香草会引起毒性反应。

C. 栽培要点：串叶松香草耐高温，在夏季温度40℃条件下能正常生长，也极耐寒，在冬季−29℃下宿根无冻害。喜肥沃壤土，耐酸性土，不耐盐渍土。在酸性红壤、沙土、黏土上也生长良好。串叶松香草再生性强，耐刈割。串叶松香草可以直接播种，也可以育苗移栽。一般以种子繁殖为主，但以育苗移植为好。

• 整地：选择通风向阳、肥沃壤土作苗床，畦宽1.3米，沟宽0.3米，泥土要敲细，畦面要平整。

• 种子与播种：播前种子要日晒2~3小时，后在25~30℃温水中浸种12小时，晾干后，再用潮湿细沙均匀拌和，置于20~25℃室内催芽3~4天，待种子多数露白后播种。春播3~4

月，秋播8~10月，早播不仅产量高，而且翌年分株、花、实数增多。播前用稀薄农家肥打底，每亩苗床施1 000千克左右。浇透水肥后，种间距离5厘米均匀播种，播种深度1.5厘米，盖上一层焦泥灰和细土，然后用稻草覆盖，要经常喷水，保持湿润。苗出齐后，揭去覆盖物。时常浇水，以水保苗，以肥壮苗；移栽定植：行株距，留种田一般畦宽1.3米，沟宽0.3米，行距0.5米，每亩600~1000株。青饲一般株距0.3米，其他同上，每亩2 000~2 500株。春芽未萌发前或秋末叶片稍黄，有5~6片真叶时移植。定植后要浇水肥，保持湿润。

• 施肥：串叶松香草耐肥性强，移栽前每亩施栏肥2 500千克，磷肥50千克，标准氮肥15千克为基肥。每青刈一次，追施标准氮肥10千克/亩。一年后要续施磷肥和氮肥，以不断补充和保持土壤中的肥力。

• 防治病虫害：串叶松香草抗病能力强，一般病虫害较少。花蕾期有时玉米螟侵害，可用1 000倍敌百虫驱杀。苗期出现白粉病，应及时喷洒0.5波美度的石灰硫黄合剂防治。在7~8月高温潮湿时，易发根腐病。主要防治措施是：增施有机质肥料，并结合深耕以改善土壤通气性，以减轻发病。对于病株要拔除、烧毁，在病株处撒上石灰。

• 田间管理：育苗阶段，要及时除草，适时施肥。移植后，因初期生长较缓慢，也要注意中耕除草。由于留种田的松香草植株高，容易被风刮倒，故待苗生长旺盛后，应注意培土起垄，垄高一般10~20厘米。既利防风，又利排水。在沿海易受台风袭击地区可考虑用小竹子插扦，以保持植物不折断。如在生长期内，天晴干旱，要经常灌水保湿。为了提高肥力，可在松香草田里套种紫云英、箭筈豌豆等豆科绿肥，春末夏初压青。

• 适时收刈、采种：刈青田，头年育苗，第二年移栽的，一般从6月上旬刈第一次，后隔20~30天刈一次，全年可刈6~8

次，亩产鲜草 10 000 千克左右；第三年可青刈 8~10 次，亩产鲜草 15 000 千克以上。松香草种子成熟不集中，采种要随熟随收，一般每隔 3~5 天采一次，采后要及时晒干去杂，包装储藏。

2）苦荬菜：苦荬菜（图 4-20）属多年生草本，具白色乳汁，光滑。根细圆锥状，长约 10 厘米，淡黄色。茎高 30~60 厘米，上部多分枝。基部叶具短柄，倒长圆形，长 3~7 厘米，宽 1.5~2 厘米，先端钝圆或急尖，基部楔形下延，边缘具齿或不整齐羽状深裂，叶脉羽状；中部叶无柄，中下部叶线状披针形，上部叶卵状长圆形，长 3~6 厘米，宽 0.6~2 厘米，先端渐狭成长尾尖，基部变宽成耳形抱茎，全缘，具齿或羽状深裂。苦荬菜产量高，每亩鲜草产量高达 5 000~7 500 千克，高者可达 10 000 千克，营养丰富，干物质中粗蛋白质含量为 30.5%，粗脂肪 15.5%，粗纤维 9.7%，富含各种维生素及矿物质。苦荬菜除青饲外，可青贮和制成干草粉。

图 4-20　苦荬菜

3）菊苣：菊苣（图 4-21）为菊科菊苣属，多年生草本植物。根肉质、短粗。茎直立，有棱，中空，多分枝。叶互生，长倒披针形，头状花序，花冠舌状，花色青蓝。茎直立，单生，分枝开展或极开展，全部茎枝绿色，有条棱，被极稀疏的长而弯曲的糙毛或刚毛或几无毛。基生叶莲座状，高40~100厘米。茎生叶少数，较小，卵状倒披针形至披针形，无柄。全部叶质地薄，两面被稀疏的多细胞长节毛，但叶脉及边缘的毛较多。头状花序多数，单生或数个集生于茎顶或枝端，或2~8个为一组沿花枝排列成穗状花序。种子楔形，千粒重1.5克左右。

图4-21　菊苣

菊苣喜温暖湿润气候，属半耐寒性植物。适宜生长温度17~25℃，地上部能耐短期-2~-1℃的低温。轴根抗寒能力较强，在北京冬季用土埋后稍加覆盖，保证霜雪不直接接触根皮，能够安全越冬。耐热，在南方夏季30℃以上高温仍能正常生长。播种当年很少抽薹开花，经过冬季低温，翌年春末开花，花期持续3个月，7月末至8月初种子成熟。在南方地区冬季生长缓慢，但不休眠。在北京和山西太原一般10月中下旬停止生长进入休眠，翌年3月中下旬返青，6月开花。对土质要求不严，pH值为4.5~8.0的土壤中均可生长，在pH值为6.0~7.5的肥沃沙壤土中生长最好，最好避免种在pH值<5.5的土壤中。降水量多的地区，应选坡地或排水良好的平地种植，否则易发生根腐病。

菊苣株高40~50厘米就应及时刈割，留茬高度5~6厘米。以后每隔25~30天就需刈割一次。菊苣也可以放牧利用，出苗后80~100天，轴根已经扎入土中家畜不易拔起就可以开始放牧。菊苣不耐重牧，需控制放牧强度。菊苣抽薹后生长速度变慢，消化率降低，生产中需注意及时刈割或放牧。北方地区可在初霜前1个月刈割一次，霜降后再割一次，以便让根系储存足够的碳水化合物越冬。

菊苣的营养丰富，消化率高，适口性很好，既可鲜饲，也可制成草粉或与其他牧草混合后青贮。菊苣还富含多种维生素、矿物质元素、生长因子及抗病物质等，对提高动物免疫力有很好的效果。

（6）苋科牧草：苋科牧草主要有籽粒苋。籽粒苋（又名千穗谷）（图4-22）是苋科苋属一年生粮、饲、菜兼用型作物。株高250~350厘米，茎秆直立，有钝棱，茎粗壮，直径3~5厘米，单叶，互生，倒卵形或卵状椭圆形。单株有效分枝30个以上；叶宽大而繁茂，叶长15~30厘米。最宽处14厘米。绿色或紫红色；种子细小，圆形、淡黄色，棕黄色或紫黑色，千粒重0.54克；生育期110~140天。圆锥状根系，主根不发达，侧根发达，根系庞大，多集中于10~30厘米的土层内。

籽粒苋蛋白质、脂肪含量丰富，苗期叶片蛋白质含量高达21.8%，赖氨酸0.74%，成熟期叶片蛋白质含量仍可达18.8%。叶片柔嫩多汁，适口性好，是优质饲料，鲜喂、青贮或调制优质草粒均宜。干品中含粗蛋白质14.4%，粗脂肪0.76%，粗纤维18.7%，无氮浸出物33.8%，粗灰分20%。从蛋白质营养角度看，种1亩籽粒苋相当于5亩青刈玉米。每年可刈割3~4次，亩产青饲料10 000~20 000千克，亩产种子250~350千克。每亩用种300克。当株高60~80厘米时开始刈割利用，留茬高度为20厘米，每隔20~30天刈割1次，一年可刈割4~5次，年鲜草产量可达5 600~10 000千克/亩。可青饲、青贮，也可打浆、发酵煮熟后饲喂，青贮时，可单储或与豆科牧草、青刈玉米混合青贮。收种后的秸秆和残叶可用于放牧，也可制成干草粉。

图4-22　籽粒苋

（7）紫草科牧草：紫草科牧草有聚合草，别名爱国草、肥羊草、友益草、友谊草、紫根草、康复力、外来聚合草、西门肺草、紫草根（图4-23）。丛生型多年生草本，高30~90厘米，全株被向下稍弧曲的硬毛和短伏毛。根发达、主根粗壮，淡紫褐色。茎数条，直立或斜升，有分枝。基生叶通常50~80片，最多可达200片，具长柄，叶片带状披针形、卵状披针形至卵形，长30~60厘米，宽10~20厘米，稍肉质，先端渐尖；茎中部和上部叶较小，无柄，基部下延。花序含多数花；花萼裂至近基部，裂片披针形，先端渐尖；花冠长14~15毫米，淡紫色、紫红色至黄白色，裂片三角形，先端外卷，喉部附属物披针形，长约4毫米，不伸出花冠檐；花药长约3.5毫米，顶端有稍突出的药隔，花丝长约3毫米，下部与花药近等宽；子房通常不育，偶而个别花内成熟 1 个小坚果。

图 4-23　聚合草

聚合草适应性广，产量高，利用期长，适口性好，是优质高产的饲料作物，具有较高的营养价值。其干品粗蛋白含量为 24. 3%~26. 5%，比饲用玉米、黑麦草、麦麸高 1 倍左右，比白三叶草、苏丹草、狼尾草高 60%，比串叶松香草高 10%。其粗纤维含量为 13. 7%，脂肪为 4. 5%，无氮浸出物为 36. 4%，灰分为 16. 3%，在饲料家族中名列前茅。收割的鲜草，经切碎直接饲喂或切碎拌入其他干饲料后饲喂。

（二）牧草干制加工技术

栽培牧草主要饲用方式有青饲、青贮、晒制干草或制成草粉等；豆科牧草一般青饲、青贮、晒制干草均可；禾本科牧草主要用于青饲和调制干草保存；叶菜类适宜青饲、青贮。将青草或其他青绿饲料及谷类作物，在质量和产量适宜的时期刈割（从青草和牧草的生长期看，一般认为牧草在初花期或盛花期刈割，青草在二伏天刈割比较适宜），经日晒或人工干燥而制成的饲草，仍保留一定程度的青绿颜色，并能长期储存。优良的青干草具有较高的饲用价值，不仅蛋白质中氨基酸较全，而且各种营养物质的含量与比例比较平衡，是肉羊能量、蛋白质、维生素的重要来源。

1. 平铺与小堆晒制结合法 平铺与小堆晒制结合法是调制青干草最常用的一种自然干燥法（图 4-24）。其方法是为了使植物细胞迅速死亡，停止呼吸，减少营养物质的损失，把青草刈割后，先进行薄层平铺暴晒，一般经 4~6 小时的暴晒。这一阶段可使青草中水分由原 85%左右减少到 40%左右。之后，堆成小堆晒制，堆高约 1 米，直径 1.5 米，重约 50 千克，继续晾晒 4~5 天，等全干后即可上垛。此阶段草中水分继续蒸发，直到低于 40%。尽管这一阶段水分继续蒸发，但蒸发速度明显减慢。如果此时仍采用平铺暴晒法，不仅会因阳光照射过久使胡萝卜素大量损失，而且一旦遭到雨淋后养分损失会更多。因此，根据第二阶段的特点，晒制青干草时，为了避免植物体内养分的过多损失，应迅速使水分降低，使酶类活动停止，还要尽量减少日光暴晒时间，因此，要尽量控制翻草次数，青草或牧草含水量高时适当多翻，含水量低时可以少翻。

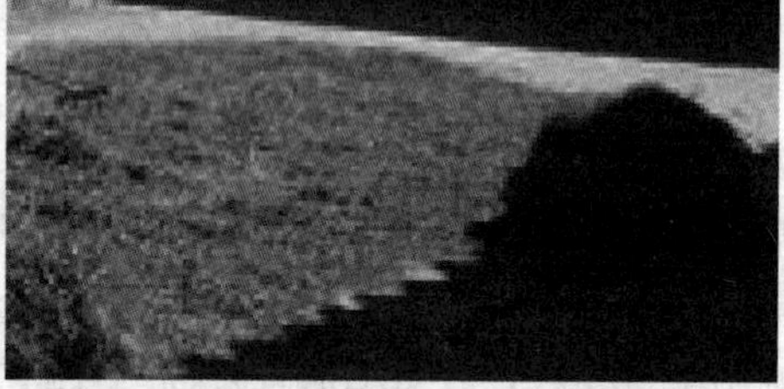

图 4-24 平铺晒制干草

2. 草架晾干法 在有条件的地方，特别是多雨地区，还可采用草架晾干法，其效果会更好。其方法是将刈割的青草置于通风良好的棚场地的草架上自然通风晾干（图 4–25）。

图 4–25　草架晾晒干草

3. 人工干燥法　目前，国外已广泛采用人工干燥法调制青干草，即将青草送入干燥机内，在 120～150℃的温度下烘 5～30 分钟，用这种方法调制的青干草质量较高（图 4–26）。

图 4–26　牧草烘干机

4. 青干草的储藏　青干草晒制好后，搂草和打捆要在早晚进行，不要在高温干燥时操作，以减少损失，并注意妥善保存。青干草储藏不好，不仅降低品质，而且易造成发霉变质，甚至会引起自燃。青干草的储藏，目前仍以堆草垛的方式较为普遍。

青干草的干燥储藏必须达到含水量不超 17%。储藏库要通风防雨，要在草垛下铺垫木头、秸秆或石块等，垫高 18 厘米以上，以防潮。此外，还要经常检查草堆，避免青干草因高温发热变质。草垛的大小可根据青干草的数量来决定，草多时堆成长方体，宽5~6米，高6~7米，长8~10米；草少时可堆成圆柱体，直径3~4米，高5~6米。为了防雨，青干草垛顶应呈尖圆形，垛顶斜坡应在45°以上，最后用秸秆严密封盖垛顶，防止雨水浸入。堆大垛时，为了避免垛中产生的热量难以散发，应在堆垛时，每隔50~60厘米，垫放一层硬秸秆或树枝，以便于散热。

第五节　种羊生态健康养殖管理技术

一、种公羊的饲养管理

（一）种公羊非配种期的饲养管理

种公羊在非配种期的饲养以恢复和保持良好的种用体况为目的。配种结束后，由于种公羊的体况有不同程度的下降，为了使体况较快恢复，在配种刚结束的1~2个月内，种公羊的日粮应与配种期基本一致，但对日粮的组成可做适当调整，以增加优质青干草或青绿多汁饲料的比例，逐渐转为饲喂非配种季节的日粮。除搞好放牧，每天应补饲0.5~1千克混合精料和一定的优质青干草，并保证每天进行1~2小时驱赶运动，为配种期奠定基础。

（二）种公羊配种期的饲养管理

种公羊配种期的饲养分配种预备期和配种期两个阶段。

1. 配种预备期　配种预备期指配种前1~1.5个月的时间，在此时期要着重加强种公羊的补饲和运动锻炼，同时开始喂给配种期的标准日粮。开始时按标准喂量的60%~70%逐渐加喂，直至全部变为配种期日粮。饲喂量为：混合精料1.0~1.5千克，青贮料或其他青绿多汁饲料1.0~1.5千克，青干草足量。精料每天分两次饲喂，补饲青干草要用草架或饲槽饲喂，精料和青绿多汁饲料放在料槽里饲喂。混合精料组成为：谷物饲料占60%，以玉米为主；豆类和豆粕占20%以上，麸皮占10%以上，并添加一定比例的矿物质、食盐、维生素等饲料添加剂。配种预备期内要进行采精训练和精液品质检查。每只公羊要人工采精3~5次，采出的精液迅速检查射精量、色泽、形状、密度（以1毫升原精液中精子数计算）、活力（在显微镜视野中估测呈直线前进运动精子占全部精子的百分率）等指标，以确定精液是否可用于输精配种。正常精液的颜色为乳白色，肉眼能看到云雾状（精液云雾状越显著，越呈乳白色，表明精子的密度和活力也越高，该指标可以估计精子密度和活力的高低）。射精量为0.8~1.8毫升，一般为1毫升，每毫升含有精子10亿~40亿个，平均30亿个。

根据精液的品质调整饲料配方和补饲量，并预测配种能力。如精子活力差时，应加强种公羊的运动，种公羊每天的运动时间增加到4小时以上。在配种预备期内，安排好配种计划，羊群的配种期不宜拖得过长，争取在1.5个月左右结束配种。配种期越短，产羔期越集中，羔羊的年龄差别不大，这样便于管理。

2. 配种期　配种是种公羊的主要任务。种公羊在配种期内要消耗大量的养分和体力，因此，此阶段饲养管理不到位，将影响种公羊的配种任务。配种期的种公羊应合理补饲，日粮要求营养丰富全面，容积小且多样化、易消化、适口性好，特别要求蛋白质、维生素和矿物质要充分满足。种公羊每形成1毫升精液约需要可消化蛋白质50克。当维生素A、维生素E不足时，会影响精子形成，造成精液品质不佳。精液中钙、磷量较多，日粮中必须加喂磷酸氢钙和石粉。种公羊个体之间对营养的需要量相差很大，补饲量可根据公羊的体重大小、膘情和配种任务而定，每只种公羊每天补饲含蛋白质较高的混合精料0.7~1.4千克、食盐10~15克、优质青干草2千克、胡萝卜0.5~1.5千克，每日分2~3次供给。先喂精料，再自由采食青草或青干草，饮水3~4次。在配种任务较大时，为了提高种公羊的精液品质，可在饲料中加生鸡蛋2~3个，将鸡蛋捣碎拌入料中。

配种期种公羊的管理要做到认真、细致，经常观察种公羊的采食、饮水、运动及粪便等情况，并保持饲料、饮水的清洁卫生。经常观察种公羊食欲好坏，以便及时调整饲料。种公羊必须单独组群饲养，除配种外，尽量远离母羊，更不能公母混养，以防乱配。种公羊舍应通风、向阳、干燥，每只种公羊约需面积2平方米。高温、高湿都会对精液品质产生不良影响。配种期内要对种公羊加强运动，通过运动增强种公羊的体质，防止肢蹄变形，提高精液品质、减少疾病的发生。

（三）种公羊初配年龄与利用年限

种公羊初配年龄一般12月龄左右为宜。从经济效益和后代质量看，种公羊在饲养管理好的情况下，利用年限一般在6~8年后淘汰。

二、母羊的饲养管理

母羊是肉羊生产的基础，母羊饲养也是肉羊生产中最关键的生产环节。母羊的饲养可分为空怀期、妊娠期和哺乳期三个阶段。对每个阶段的母羊应根据不同的生理状况和生产性能，按饲养标准给予合理饲养，以满足各阶段母羊的营养需求，提高繁殖性能和种用价值。

（一）空怀期母羊的饲养与管理

1. 空怀期母羊的饲养管理要点 空怀期母羊由于不泌乳、不妊娠而无负担，在饲养管理上往往忽视。其实空怀期是母羊抓膘复壮，为妊娠储备营养的时期。此时母羊营养水平高，体况佳，有助于母羊的发情、排卵及受孕。因此，加强空怀期母羊的饲养管理，尤其是配种前期的短期优饲对提高母羊的繁殖力十分关键。生产中重点在配种前1~1.5个月，以抓好空怀期母羊的饲养为重点，使母羊能满膘配种。对个别体况较差者，要给予短期优饲，日喂混合精料2~3次，使母羊群膘情一致，发情集中，便于配种，产羔整齐，利于管理。

2. 空怀期母羊的饲养标准与饲料配方　我国《肉羊饲养标准》（NY/T 816—2004）规定了空怀期母羊每日营养需要量。根据此营养需要量，推荐空怀和妊娠前期母羊精饲料配方，见表4-11。

表4-11　空怀和妊娠前期母羊精饲料配方

原料名称	配比（%）	营养成分	含量
玉米	60	消化能（兆焦/千克）	15.69
小麦麸	20	干物质（%）	86.76
豆饼	10	粗蛋白（%）	14.9
芝麻饼	6	粗脂肪（%）	4.0
石粉	1.5	粗纤维（%）	4.07
磷酸氢钙	1	钙（%）	0.99
预混料	1	磷（%）	0.59
食盐	0.5	食盐（%）	0.5
合计	100		

（二）妊娠期母羊的饲养与管理

妊娠是母羊特殊的生理状态，由受精卵开始，经过发育，一直到胎儿成熟产出为止，所经历的这段时间称为妊娠期。母羊妊娠期平均为150天。

1. 妊娠母羊的生理特点　母羊配种后20天不再表现发情，则可判断已妊娠。妊娠期分为妊娠前期和妊娠后期。母羊妊娠前期即妊娠前3个月是胚胎形成阶段，胎儿的体重增加较少，发育也较缓慢，对营养物质的需要量要求不高，但是要求严格的饲料质量和营养平衡。妊娠后期，即妊娠最后 2 个月，此时胎儿生长发育迅速，80%~90%的胎儿重量在此期形成。为适应胎儿生长发育需要，母羊体内物质代谢急剧增强，表现为食欲增加，对饲料消化吸收的能力增强，在正常饲养条件下，母羊和胎儿合计可增重 8 千克左右，怀双羔或三羔的甚至可增重 15~20 千克，因此必须供给充足的营养。如果此期营养不足，羔羊出生重小，成活率低。营养良好的母羊，到分娩前体重应增加 10~15 千克。

2. 妊娠母羊的饲养管理 母羊在妊娠前期，由于胎儿生长发育较慢，所需营养与母羊空怀期大体一致，但必须保证母羊所需营养物质的全价性，主要是维生素及矿物质元素的需要。保证母羊所需营养物质全价性的主要方法是对日粮进行多样搭配。在青草季节，一般放牧即可满足营养物质需要，可不用补饲或少补饲。但在枯草期，羊放牧吃不饱时，除补喂青干草外，还应饲喂青贮饲料、胡萝卜及一定量的混合精料。母羊在妊娠后期（分娩前 2 个月），胎儿生长发育迅速，因此母羊对营养物质不仅需要高的质量，需要的数量也远远超过妊娠前期。据研究，母羊妊娠后期日粮能量水平比空怀期高 17%~22%，蛋白质增加 40%~60%，钙、磷增加 1~2 倍，维生素增加 2 倍。这一阶段，除放牧外必须补饲。根据放牧采食情况，每天可补精料 0.4~0.8 千克、青干草 1~1.5 千克、青贮料 1 千克、胡萝卜 0.5 千克及矿物质适量。若母羊营养供应不足，影响羔羊的初生重，也影响母羊的泌乳功能，但此期母羊过肥，也影响生理机能。

在妊娠母羊管理上，前期要防止发生早期流产，后期要围绕保胎。要求对羊群出入圈时严防拥挤，进出圈要慢；放牧要稳，翻山过沟不能急，饮水要防滑倒和拥挤；对羊群不要紧追急赶，防止羊群受惊吓。怀孕后期不能驱虫和防疫注射，临产前几天，不要远出放牧，应就近观察护理。怀孕母羊不能吃冰冻、发霉变质饲料，也不能给过多的青贮料，冬天最好饮温水。特别是怀孕后期，因母羊腹腔容积有限，对饲料干物质的采食量相对减少，饲喂饲料体积过大或水分含量过高的日粮均不能满足其营养需要。因此，对妊娠后期的母羊，除提高日粮营养水平外，还应考虑日粮中的饲料种类，逐步提高精料的补饲量，一般在产前3周可达日粮的30%左右。产前1个月左右，适当控制粗饲料饲喂量，尽量喂给质地柔软、青绿多汁的饲料。精料中增加麸皮喂量，以通肠利便。分娩前10天，根据母羊消化、食欲状况，减少饲喂量。产前2~3天，母羊乳房胀大并伴有腹下水肿，应从日粮中减少1/3~1/2的饲喂量，以防分娩初期奶量过多或奶汁过浓引起乳房炎、回乳或羔羊下痢。但对瘦弱母羊，产前1周如乳房干瘪，除减少粗饲料外，还应增加富含蛋白质的催奶饲料以及青绿多汁饲料，以防母羊产后无奶。

3. 妊娠母羊的饲养标准及饲料配方　根据我国《肉羊饲养标准》（NY/T 816—2004）妊娠母羊每日营养需要量，推荐妊娠后期母羊饲料配方见表4-12。

表4-12　妊娠后期母羊饲料配方

原料名称	配比（%）	营养成分	含量
玉米	55	消化能（兆焦/千克）	13.9
小麦麸	21	干物质（%）	86.80
豆饼	15	粗蛋白（%）	16.16
芝麻饼	5	粗脂肪（%）	4.04
石粉	1.5	粗纤维（%）	4.25
磷酸氢钙	1	钙（%）	0.96
预混料	1	磷（%）	0.61
食盐	0.5	食盐（%）	0.5
合计	100		

（三）哺乳期母羊的饲养与管理

母羊哺乳期一般为2~3个月，对羔羊培育条件好和技术成熟的标准化规模养羊场（户）可提早将羔羊断乳。生产中一般把母羊哺乳期分为哺乳前期和哺乳后期。

1. 哺乳前期母羊的饲养管理要点　哺乳前期是指母羊产羔后的1个月内。母羊此期主要因：①产羔后，体质虚弱，需要尽快恢复；②羔羊在此期生长发育快，需要较多营养，但由于羔羊瘤胃发育不完全，所需的营养完全依赖于母羊的乳汁，若母羊泌乳性能好，产奶量多，则羔羊生长发育快，成活率高；③母羊产羔后，在15~20天内分泌乳汁的能力比较强，因此，增加营养可以起到增加泌乳效果的作用。在生产实践中证实，母羊的泌乳量直接影响羔羊的体重，一般来讲，羔羊增重与需奶量之比为1∶5，即哺乳羔羊每增重100克需母乳500克，而生产500克羊乳则需要0.3千克饲料干物质、33克可消化蛋白质、1.2克磷和1.8克钙。此外，羊的泌乳量和乳成分均随着泌乳期的变化而变化，泌乳高峰出现在产后14~21天，随后下降，乳中脂肪、蛋白质含量的基本趋势是先下降后增加，乳糖含量是先增加后下降。因此，在生产实践中，抓好哺乳前期泌乳高峰阶段的母羊是关键。

哺乳前期的饲养管理主要任务是恢复产羔母羊体质，满足羔羊哺乳需要，因此在饲养管理上必须做好以下工作：

（1）母羊产羔后1~3天内，由于腹部空虚，体质虚弱，体力和水分消耗极大，消化机能较差，这几天要给母羊易消化的优质青干草为主，多饮盐水、麸皮汤，可少喂精料，以防消化不良或发生乳房炎。此外，母羊在产前已有腹下水肿或乳房严重肿胀等现象，多喂精料不仅提高饲料成本，而且会因营养过剩而加剧其腹下水肿或乳房肿胀的症状，也会导致乳房疾病发生。因此，为了促进母羊的身体康复，同时有利于乳汁分泌，此时应多喂一些青绿多汁、容易消化且有一定轻泻作用的饲料，如新鲜牧草、麦麸或胡萝卜等。青贮饲料和多汁饲料有催奶作用，但不能饲喂得过早过多。

（2）母羊产后7天左右，乳汁逐渐增多，此时开始增加干青草、多汁饲料和混合精料，并注意微量元素、维生素和矿物质的供给。因泌乳量增加，母羊需要的养分也增加，当饲草所提供的养分不能满足其需要时，母羊会动用体内贮备的养分来弥补，泌乳性能好的母羊往往比较瘦弱。

（3）加强母羊运动。每天必须保证母羊2小时以上的运动，有助于促进血液循环，增强母羊体质和泌乳能力。

（4）此时期母羊营养消耗大，既要恢复体况，又要分泌乳汁，此时单靠放牧不能满足母羊泌乳的需要，必须补饲精料和饲草，增加粗蛋白质、青绿多汁饲料的供应。哺乳母羊每天饲喂精料的数量应根据母羊食欲、反刍、排粪、腹下水肿和乳房肿胀消退情况以及所哺育羔羊数、所喂饲草的种类及质量而定。一般产单羔的母羊每天补精料0.3~0.5千克、青干草2千克、多汁饲料1.5千克；产双羔母羊每天补精料0.4~0.6千克、青干草2千克、多汁饲料1.5千克；如果哺育了3羔乃至4羔，需要的精料更多，以便能够充分发挥母羊的哺乳能力，一般每天喂精料1.5千克、青贮或鲜草10千克。总之，补饲要求从少到多，多喂青绿饲料、胡萝卜为宜。

（5）注意哺乳卫生，防止发生乳房炎。

2. 哺乳后期母羊的饲养管理要点　母羊产羔后的第2~3个月称为哺乳后期。哺乳后期母羊的泌乳量下降，即使加强母羊的饲养，也不能继续维持其高的泌乳量。此时单靠母乳已不能满足羔羊的营养需要，此期羔羊的胃肠功能已基本发育完善，可以大量利用饲草和饲料，对母乳的依赖程度减小。从2月龄后，母乳仅能满足羔羊本身营养的5%~10%，所以哺乳后期母羊的饲养已不是重点，精饲料的供给量应逐渐减少。日粮中精料标准应调整为哺乳前期的70%，同时增加青草和普通青干草供给量，逐步过渡到空怀期的饲养管理。生产中对哺乳后期的母羊可以逐渐取消补饲，转为完全放牧为主。对体况较差者，亦可酌情补饲以利于其恢复体况。但在羔羊断奶时，哺乳母羊要停止喂精料3~5天，以防母羊发生乳房炎。

3. 哺乳期母羊的饲养标准及饲料配方

（1）哺乳期饲养标准：我国《肉羊饲养标准》（NY/T 816—2004）规定了“妊娠期母羊每日营养需要量”和“泌乳前后期母羊每日营养需要量”，适用于绵羊、山羊母羊。

（2）泌乳前期母羊混合精料配方：泌乳前期母羊精料的日饲量为母羊体重的1/15~1/10，推荐配方见表4-13。

表4-13　泌乳前期母羊混合精料配方

原料名称	配比（%）	营养成分	含量
玉米	58	消化能（兆焦/千克）	14.52
小麦麸	25	干物质（%）	86.99
豆饼	5	粗蛋白（%）	18.85
芝麻饼	8	粗脂肪（%）	4.19
石粉	1.5	粗纤维（%）	3.69
磷酸氢钙	1	钙（%）	0.97
预混料	1	磷（%）	0.56
食盐	0.5	食盐（%）	0.5
合计	100		

（3）泌乳后期母羊混合精料配方：泌乳后期母羊混合精料的供给量应逐渐减少为泌乳前期的70%，每日0.3~0.5千克，同时增加青草和青干草的供给量。推荐配方见表4-14。

表 4-14　泌乳后期母羊混合精料配方

原料名称	配比（%）	营养成分	含量
玉米	60	消化能（兆焦/千克）	14.04
小麦麸	16	干物质（%）	86.9
豆饼	8	粗蛋白（%）	15.43
芝麻饼	6	粗脂肪（%）	4.21
石粉	1.5	粗纤维（%）	4.2
磷酸氢钙	1	钙（%）	0.98
预混料	1	磷（%）	0.6
食盐	0.5	食盐（%）	0.50
合计	100		

三、种羊的繁殖管理

种羊的繁殖包括性器官发育、精卵成熟、发情、交配、妊娠、分娩多个环节。在生产中掌握种羊的繁殖生理，对种羊的配种工作至关重要。

（一）种羊繁殖生理

1. 初情期　母羊幼龄时期的卵巢及性器官均处于发育状态，卵巢内的卵泡在发育过程中多数萎缩闭锁，随着母羊的生长发育，当达到一定年龄和体重时，母羊发生第一次发情和排卵，即到了初情期。此时，母羊虽有发情表现，但不完全，发情周期也往往不正常，其生殖器仍在继续生长发育中。此后，垂体前叶产生大量促性腺激素释放到血液中，促进卵泡发育，同时，卵泡产生雌激素释放到血液中，刺激生殖道的生长发育。初情期是首次使繁殖成为可能的时间，以生殖细胞的释放为特征。发情的最初可见的信号并非总是伴随着排卵。初情期与性成熟有区别。种羊的初情期年龄和体重在品种间和品种内存在相当大的差异。在绵羊多胎品种中，母羊表现初情信号的月龄为其出生后的4~5个月；而在山羊多胎品种中，如马头山羊属早熟多胎品种，母羊初情期在3月龄左右。

2. 性成熟与初配年龄 羊到了一定年龄，生殖器官已发育完全，具备了繁殖能力，称为性成熟期。性成熟是指羊性器官已发育完全，睾丸（卵巢）和性腺中开始产生健壮的性细胞和分泌激素的初期。这一时期，公羊开始表现出明显的性行为，母羊表现发情现象，如果令其交配，则能受孕产生后代。性成熟后，虽然能够繁殖后代，但此时身体发育尚未成熟，故性成熟并非最适宜的配种年龄。生产实践证明，种羊过早配种，不仅阻碍本身的生长发育，而且也严重影响后代体质和生产性能。性成熟主要取决于品种、个体、气候和饲养管理条件等因素，早熟品种的性成熟期较晚熟品种早，温暖地区较寒冷地区早，饲养管理好的性成熟也较早。对母羊而言，初配年龄过迟，不仅影响其遗传进展，而且对生产也会造成经济上的损失，因配种过迟浪费人力、饲料。所以，要提倡适时配种。一般而言，早熟品种，饲养管理条件好的母羊，配种年龄可较早。如母山羊适宜配种月龄多在8~10月龄，而公羊的适配月龄在10~12月龄。

3. 母羊的发情和发情周期

（1）发情：母羊能否正常繁殖，取决于是否正常发情。正常发情，是指母羊发育到一定程度所表现的一种周期性的性活动现象。母羊发情有三个方面的变化：①母羊的精神状态：母羊发情时，常常表现兴奋不安，对外刺激反应敏感，食欲减退，有交配欲，主动接近公羊，在公羊追逐或爬跨时常站立不动。②生殖道的变化：母羊发情时，在雌激素的作用下，生殖道发生了一系列有利于交配活动的生理变化。发情母羊外阴松弛、充血、肿胀、阴蒂勃起、阴道充血松弛，阴道分泌有利于交配的黏液，子宫颈口松弛，充血肿胀，并有黏液分泌。子宫腺体增长、基质增生、充血与肿胀，为受精卵的发育做好准备。③卵巢的变化：母羊在发情前 2~3 天，卵巢上卵泡发育很快，卵泡内膜增厚，卵泡液增多，卵泡部分突出于卵巢表面，卵子被颗粒层细胞包围。

（2）发情持续期：母羊每次发情持续的时间称为发情持续期。如马头山羊母羊发情持续期为 1.5~3 天，产后发情一般为 15~25 天，马头山羊终年均可发情，但春季 3~4 月、秋季 9~10 月发情配种较多。母羊排卵一般多在发情后期，成熟卵排出后在输卵管中存活的时间为 4~8 小时，公羊精子在母羊生殖道内授精作用最旺盛的时间约为 24 小时。因此，为使精子和卵子得到充分的结合机会，最好在排卵前数小时内配种。生产实践中证实，比较适宜的配种时间应在发情期，即发情后 12~16 小时。在生产实践中，采取早晨试情，挑出的发情母羊早晨配种，傍晚再配 1 次。

（3）发情周期：发情周期指母羊从上一次发情开始到下次发情的间隔时间。在一个发情周期内，未经配种或虽经配种而未受孕的母羊，其生殖器官和机体发生一系列周期性变化，会再次发情。一般绵羊发情周期为 14~19 天，山羊发情周期 18~22 天。

（二）种公羊的采精技术

一般 1 只公羊自由交配可承担 25 只母羊的配种任务，若采用人工授精技术则能承担 300~500 只母羊的配种任务，可大大提高种公羊的利用效率。

1. 调教（即采精训练）　肉用种公羊满 10 月龄，体重达到 60 千克以上时，应及时训练配种能力。首先应选大小与其匹配、发情症候明显的母羊让其本交。或每天早晨把公羊带上试情布赶到母羊群内，令其寻找发情母羊，刺激和激发产生性欲，每次 15~20 分钟，时机成熟之后，再进行采精。

2. 采精　公羊采精前 1~1.5 小时，准备好采精设备，即先将假阴道内胎及外壳用肥皂水清洗，后用温清水冲洗，置方盘上晾干。干后将内胎安装于外壳上，与集精瓶分别用95%乙醇棉球涂抹，用消毒好的洁净纱布盖好。临采精前，将集精瓶安装到假阴道上。先用蒸馏水冲洗1~2次，甩干后再用10%生理盐水冲洗2~3次以上，再甩干。然后在外壳的注水孔中注水，水温45~50℃，150~180毫升，装上气嘴，用消毒过的玻璃棒蘸少量消毒过的医用凡士林均匀涂抹内胎，深度不超过2/3。最后由气嘴充气，使内胎膨胀呈“Y”形（图4-27、图4-28）。掌握好时间，最好在公羊爬跨时内胎温度在38~40℃。采精时右手拿假阴道，蹲伏在台羊右侧后方，当公羊爬跨伸出阴茎时，迅速将假阴道靠近母羊后胯部与地面呈35~40°角，左手托住公羊阴茎包皮，将阴茎导入假阴道内（图4-29）。当公羊突然用力前冲，表明射精，应顺从公羊向后移下，竖起假阴道，及时打开气嘴放气，使精液流入集精瓶，之后取下集精瓶加盖。标明公羊号并做精液品质检查。

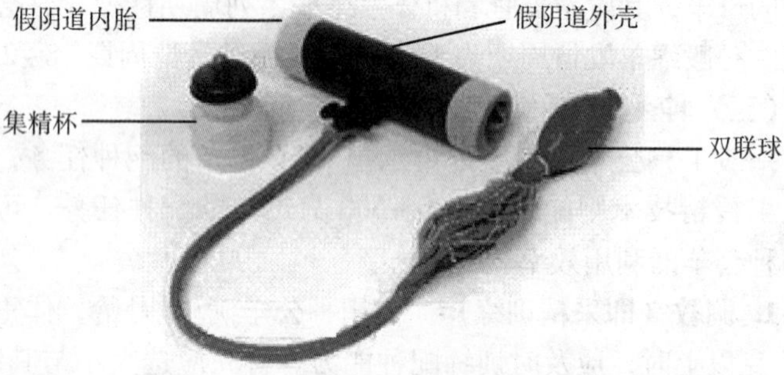

图4-27　公羊采精设备

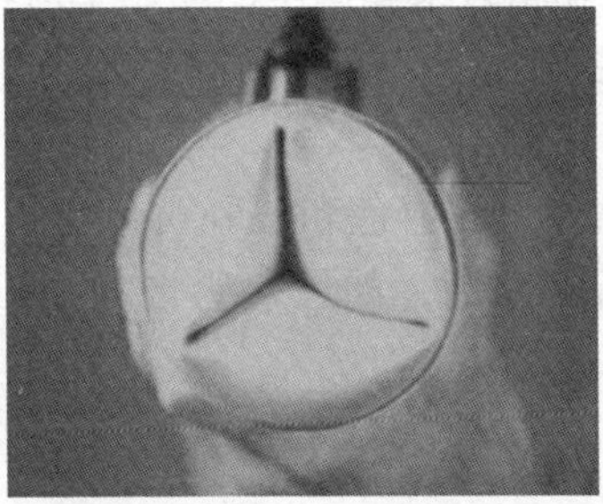

图 4-28　安装好的呈"Y"形假阴道

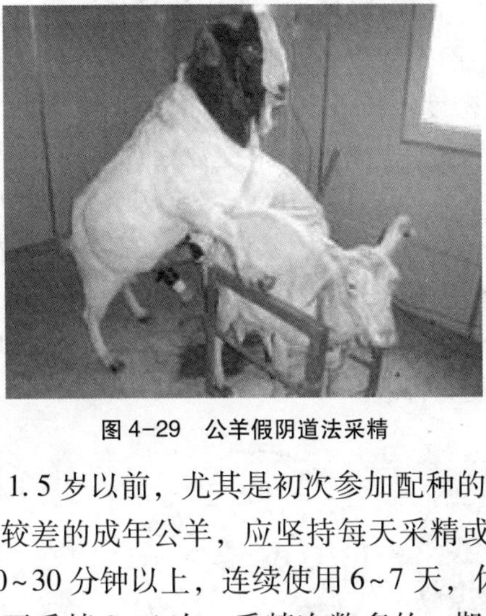

图 4-29　公羊假阴道法采精

种公羊在 1.5 岁以前，尤其是初次参加配种的幼龄公羊，以及膘情、体质较差的成年公羊，应坚持每天采精或交配 1~2 次，但每次间隔 20~30 分钟以上，连续使用 6~7 天，休息 1 天，2.5 岁种公羊每天可采精 3~4 次。采精次数多的，期间要休息，公羊在采精前不宜吃得过饱。进入正式配种之前 1~1.5 个月，除对种公羊加强饲养管理外，还要进行排精和精液质量检查工作，开始 6~7 天 1 次，后期 3~4 天 1 次，发现问题及时调整。

3. 精液品质检查　精液品质的优劣是种公羊种用价值和配种能力的体现。通过此项检查，可确定精液能否用于输精以及稀释倍数，从而确保输精效果和母羊的受胎率。精液品质检查室要洁净，室温保持在 18~25℃，精液检查要迅速，取样要有代表性，评定需准确。

（1）颜色：精液为乳白色和浅乳黄色为正常，其他为异常。颜色异常时应分析其原因，如红色为混入血液，绿色为混入脓汁，琥珀色为混入尿液等。

（2）射精量：指种公羊一次射出精液的毫升数。肉用公羊一般为 0.5~2 毫升。

（3）气味：略带腥味。

（4）pH 值：加一滴精液在 pH 值试纸，与标准色板比较以确定 pH 值。一般 5.9~7.9，平均 6.9。

（5）精子密度：精子密度可用肉眼大致判断。精液呈乳黄样至浓乳黄样为密，1 毫升含精子数在 35 亿~45 亿个。乳黄样至稀乳黄样为中，1 毫升含 10 亿~35 亿个。较透明有云雾样为稀，1 毫升含 3 亿~10 亿个，水样则少或无。也可在 300~600 倍显微镜下进行精液精子密度估测，即精子相互间小于 1 个精子长度为密级；精子相互间空隙相当于 1~2 个精子长度为中级；超过 2 个精子长度为稀级。

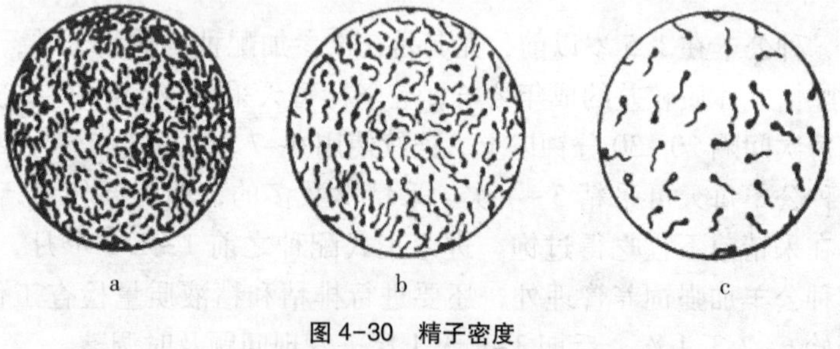

图 4-30　精子密度

a. 密级　b. 中级　c. 稀级

（6）精子活力：活力 5 分：90%以上直线运动；80%以上直

线运动，活力4分；70%以上直线运动，活力3分；50%直线运动，活力2分；30%直线运动，活力1分；10%直线运动，为0分，凡是低于3分的精液不能使用。也可按“十级一分”制计，如90%以上精子直线运动计0.9，80%以上精子直线运动计0.8，依此类推。

4. 精液的稀释　精液稀释液可用生理盐水，也可以使用葡萄糖枸橼酸钠卵黄稀释液。配方为：蒸馏水100毫升，葡萄糖3克，枸橼酸钠1.4克，卵黄20毫升。100毫升稀释液加青霉素10万单位，1克链霉素粉。精液稀释液最好现用现配，采取的精液越早稀释效果越好。精液稀释顺序为将稀释液慢慢加入精液中，并不断晃匀。两者温度尽量一致，以30℃为宜。稀释倍数依精子密度和活力级别定，如密度密，活力5分为3倍；密度密，活力4分为2倍；密度密，活力3分为1倍；密度中，活力5分为2倍；密度中，活力4分为1倍；密度中，活力3分为0.5倍。如采集的精液活力为3分，也可实行原液输精，高于这一标准的可直接按1∶1稀释。

（三）母羊的配种技术

对种羊的配种，必须掌握好以下几个重要环节，并选用适宜和经济的配种方法。

1. 母羊发情鉴定　发情鉴定的目的是及时发现发情母羊，正确掌握配种或人工授精时间，防止误配、漏配，提高受配率。因此，要做好此项工作饲养人员要有责任心，勤观察，做到方法正确。母羊的发情鉴定一般采用以下三种方法。

（1）外部观察法：主要是观察母羊的精神状态、性行为表现及外阴部变化情况。母羊发情时，常常表现兴奋不安，对外界刺激反应敏感，食欲减退，有交配欲，主动接近公羊，在公羊追逐或爬跨时常站立不动并强烈摆动尾部、频尿等，且外阴部分泌少量黏液。

（2）阴道检查法：用开膣器辅助观察母羊阴道黏膜、分泌物和子宫颈口变化判定发情与否。若发情，则母羊阴道黏膜充血、红色、表面光亮湿润，有透明黏液流出，子宫颈口充血、松弛、开张，有黏液流出。进行阴道检查时，先将母羊固定好，外阴部清洗干净。开膣器清洗消毒、烘干后，涂上灭菌的润滑剂或用生理盐水浸湿。操作人员左手横向持开膣器，闭合前端，慢慢插入，轻轻打开开膣器，通过反光镜或手电筒光线来检查阴道变化，检查完后稍微合拢开膣器、抽出。

（3）公羊试情法：即选择体格健壮、无病、年龄2~5岁有性经验的公羊进入羊群，发现有站立不动并接近公羊的母羊，特别是接受爬跨的羊，即已发情，要迅速挑出，立即编上号或涂上记号，用配种公羊进行交配配种。

为了防止试情公羊偷配母羊，通常在试情公羊腹部绑好试情布护住其阴茎，试情布用长35厘米、宽30厘米的白布，四角系上带子，每当试情时拴在试情公羊腹下，使其无法直接交配（图4-31）。也可为试情前做输精管结扎或阴茎移位手术。试情应在每天清晨或早晚两次进行。同时，试情公羊平时应单圈饲养，除试情外，不得和母羊在一起，给以良好饲养条件，保持体格健壮，并每隔5~6天让其本交一次，以维持其旺盛性欲。试情公羊与母羊的比例以1∶(40~50）为宜。

图4-31　试情公羊（带试情布）

2. 母羊的输精技术　输精是肉羊人工授精的最后一个技术环节，适时而准确地把优质精液输到发情母羊的子宫颈口内，这是保证母羊受胎产羔的关键。最好一只公羊的精液一直用一个输精器，用前只要把消毒好的输精器反复冲洗 5～6 遍即可使用。如果抽取为 2 只公羊精液，应该用热开水冲洗，晾凉后，再吸取生理盐水冲洗 6～7 遍，开膣器每次用完洗净擦干，用酒精灯火焰消毒，冷却后蘸生理盐水使用。母羊固定在配种架上，或由两个人用插在母羊腹下后部的木棒把后躯抬起来，用 2%的来苏儿消毒外阴部，而后用洁净布擦干净。输精人员用开膣器并借手电筒亮光找到子宫颈口后，慢慢插入输精器端口，深度 0.5～1.5 厘米，之后注入精液。输下一只母羊时，更换开膣器，输精器前端要用 95%乙醇棉球快速擦抹消毒。每只母羊输精量为 0.1 毫升，要保证输到母羊子宫颈口内的有效精子数为 0.7 亿以上。

（四）配种计划的制订

饲养种羊数量较多的养羊场（户），在配种前要做好配种计划及各项准备工作，以保证顺利完成配种任务。配种计划主要包括配种任务、组织领导及劳动分工、配种起止时间、配种进度安排、种公羊配备、母羊整群、抓膘、饲养管理技术措施、房舍、设备及其他物资等内容。要在认真总结上年度配种经验和存在的主要问题的基础上，做好此项工作。

羊群的整群和抓膘工作对配种成绩的影响很大，经过整群可进一步提高羊群的整体生产水平。其次，抓好夏秋膘，提高母羊配种前的体重，有利于提高母羊的发情配种率、受胎率。

1. 整群　就是把不适合作为配种的母羊进行淘汰。整群一般从两个方面进行，一是在羔羊断奶以后就要对羊群进行整顿。把不适宜繁殖的老龄母羊、屡配不孕的母羊、连续两胎流产、产死胎、难产和因母性差或泌乳低而不能带羔羊的母羊，以及有缺陷达不到标准的母羊，都要单独组成育肥羊群，经过短期育肥出栏肉用。二是根据选配计划整顿母羊群。对年龄结构比较合理的羊群，每年的淘汰率为15%~20%，如果羊群的数量不再扩大，还应及时补充育成母羊15%~20%，在做好羔羊断奶同时还要对母羊驱虫、药浴。

2. 抓膘 对参加配种的母羊应加强放牧和饲养管理，使母羊达到中上等膘情，确保发情整齐，尽量缩短配种期。对在配种前达不到配种体重要求的瘦弱母羊要进行短期优饲。抓膘指抓好夏秋膘，提高配种前体重。实践证明，膘情好的母羊，在1~3个发情期就可结束配种。由于配种期短，产羔期比较集中，所产羔羊的年龄差别不大，便于管理，有利于同时出栏。为了提高母羊配种前的体重，应当保证母羊在配种前至少要有1.5~2个月的休息和复壮期，这就要做到羔羊及时断乳或适当提前断乳。

第六节　羔羊生态健康养殖管理技术

一、保温防寒

初生羔羊体温调节能力差，对外界温度变化极为敏感，因而对冬羔及早春羔必须做好初生羔的保温防寒工作。在生产中，新生羔体温过低是体弱、死亡的主要原因。羔羊的正常体温是39~40℃，一旦低于36~37℃时，如采取措施不及时会很快死亡。出现羔羊体温过低的主要原因：一是出生后5小时之内全身未擦干，散热过多造成的；二是出生6小时以后因吃奶不足，导致饥饿而耗尽体内有限的能量储备，而自身又难以产生需要的热能。因此，在保温防寒工作中，首先羔羊出生后，让母羊尽快舔干羔羊身上的黏液，母羊不愿舔时，可在羔羊身上撒些麸皮，这样母羊就会立即舔食；其次母仔羊舍要温暖适宜，一般应在5℃以上。温度低时，应设置取暖设备。护理体温降低的羔羊时，要尽快使其体温恢复到37℃，保温木箱内用红外线灯距羔羊120厘米进行增温，或采取其他增温措施，如在地面铺御寒的保温材料（柔软的干草）等，并注意检查门窗是否密闭，有无贼风侵袭之处。

二、吃足初乳

初乳是母羊产后5天内分泌的乳。初乳黏稠，含有丰富的蛋白质、维生素、矿物质等营养物质，其中矿物质（镁盐）还有促进胃肠蠕动，排出胎粪的功能，更重要的是初乳中含有大量抗体，而羔羊本身尚不产生抗体，初乳作为羔羊获取抗体抵抗外界病菌侵袭的唯一来源，就显得更加必要了。因此，羔羊及时吃到初乳是提高羔羊抵抗力和成活率的关键措施之一。羔羊出生后30~60分钟内必须吃到初乳，这样对羔羊增强体质、抵抗疾病、排出胎粪具有重要作用。初乳吃得越早、越多，羔羊增重越快，体质越强，成活率越高。由于母羊产后无奶或母羊产后死亡等情况，吃不到自己母亲初乳的羔羊，也要让它吃到别的母羊的初乳，否则很难成活，在吃足初乳的前提下，实行代哺。代哺是将羔羊寄养给奶水充足、母性强、营养状况好的保姆羊。开始时要帮助羔羊认奶，母羊认仔，可把母羊的奶汁或尿液涂抹到羔羊头部和后躯，混淆母羊的嗅觉，避免保姆羊拒绝羔羊吃奶，经过几次之后保姆羊就能认仔哺乳了。对于母性强的母羊，一般产后就哺乳羔羊。但有的母羊，特别是初产母羊，无护羔经验，母性差，产后不去哺羔，必须强制人工哺乳。即把母羊保定住，将羔羊推到乳房前，羔羊就会吸乳，几次之后羔羊就能自己找母羊吃奶了。对于一胎多羔母羊，要采用人工辅助的办法，让每一只羔羊吃到初乳，可保证每只羔羊成活，否则一胎多羔也就没意义了。

三、及时补饲

母羊泌乳量随着羔羊的快速生长而逐渐不能满足其营养需要，羔羊每增重 1 千克，平均要消耗 5 千克左右的母乳，这表示羔羊 2~2.5 月龄前平均日增重 250~300 克，要求母羊日泌乳量应有 1.2~1.5 升。20 日龄前羔羊依靠母乳营养，生长速度最快，为了使羔羊始终保持高增重，适时对母羊加喂精料是必要的。当母乳已不能满足羔羊生长发育所需的营养需要，必须对羔羊进行补饲。补饲是提高羔羊断奶重、抗病力、成活率的关键技术措施。羔羊舍内应常备青干草、粉碎的饲草和矿物质盐砖，让其自由采食，并保证充足饮水。一般在羔羊 15~20 日龄时，开始训练吃草料，可喂一些鲜嫩草或优质干草，精料要营养全面，易消化吸收，适口性强。饲料配方组成：玉米 40%、豆饼或麻饼 23%，优质草粉 25%、麸皮 8%、磷酸氢钙 0.5%、石粉 1.5%、食盐 1%、复合添加剂预混料 1%。饲料的补喂量应根据羔羊的日龄及体质状况而定，一般半月龄左右每天补喂 50~80 克，1~2 月龄每天补喂 100~150 克，2~3 月龄每天补喂 200 克，3~4 月龄每天补喂 250~300 克，每天早晚各补喂一次。干草以苜蓿草、野草、花生秧等为好。干草要切碎放在饲槽内喂，先喂精料，后喂粗料，还要适当补喂青饲料，另外，保证羔羊有足够的饮水。每只羔羊在 2~3 个月哺乳期需补精料 10~15 千克，对饲草的补饲可以不限量，任意采食。

四、搞好防疫

羔羊的抵抗力差，容易发生疾病和感染体内外寄生虫病，特别是羔羊生后 1 周左右最容易发生肺炎、脐带炎、羔羊大肠杆菌病、羔羊痢疾以及羔羊低血糖症等疾病，此时应十分注意卫生，并认真地做好羔羊的疫病防治，这是提高羔羊成活率的关键措施之一。对羔羊的疾病要以预防为主，并定期注射疫苗和驱虫。一般羊注射疫苗的免疫期为 6 个月至 1 年，羔羊除按程序防疫注射外，可根据免疫期长短，结合春、秋防疫给羊只重复注射。体内外寄生虫病是羔羊伴随放牧采食而形成的一种接触性侵袭性疾病，它以极其隐蔽的方式摧残羔羊的体质，抑制羔羊的生长发育，严重者甚至造成死亡。为有效地防止体内寄生虫对羔羊的危害，羔羊 2 月龄后可用广谱、高效、低毒的丙硫苯咪唑，按羊 8~15 毫克/千克体重口服进行首次驱虫，或用伊维菌素每千克体重 0.2 毫克皮下注射。此后，每季度预防性驱虫 1 次。体外寄生虫病可用 0.05%双甲咪唑药液给予药浴，药浴应选择晴天气温较高时进行。给羊只药浴可根据体外寄生虫病感染的具体情况而定，可定期或不定期地进行。羔羊体质弱，抗病力差，发病率高，发病的原因大多是由于羊舍及其周围环境卫生差，使羔羊受到病原菌的感染。因此，搞好圈舍的卫生管理，定期消毒，减少羔羊接触病原菌的机会，是降低羔羊发病率的重要措施。羔羊怕冷、怕潮湿，羊舍应保持清洁、干燥、卫生、通风良好、冬暖夏凉。对羔羊舍要勤换垫草，饲养人员在每天添草喂料时要认真观察羔羊精神状态、食欲、饮水、粪便等情况，发现病情及时诊治。羔羊的防疫注射、驱虫、药浴、环境卫生等措施到位，即可有效地预防羔羊发生体内外寄生虫病和其他疾病。如遇某种疾病呈地方性流行，除密切关注疫情的发展动态做好严格的消毒、强化防疫、检疫等防范措施外，一旦羊群发生疫情，应采取严格的隔离措施，并给予紧急性预防注射疫苗或治疗，严防疫情扩散而危及羔羊健康。

五、加强管理

为了促进羔羊生长发育，早日采食，以减少母羊负担，增强羔羊合群性，便于管理，在羔羊 1 月龄左右将母仔分开，羔羊单独组群管理。

羔羊放牧时不同于成年羊，要根据羔羊性情活泼、边吃边玩的特点进行放牧。放牧羔羊时一定要有责任心和耐心，走路时要让羔羊慢行。放牧头几天，要把羔羊圈在一起吃草，对于离群的羔羊要把它赶回来归群。放牧点选择圈舍附近的草场，时间不宜太长，以后可逐渐远牧，并增加放牧时间。在羔羊群内放几只空怀母羊或羯羊作领头羊，可使羔羊群好放牧。呼唤羔羊的口令要固定、准确、严厉，使羔羊形成条件反射，这样经过1个月左右的调驯，羔羊便可跟群放牧了。放牧羔羊的哺乳在1.5~2月龄前，每隔4小时母羊回来喂奶1次。2月龄以后，羔羊瘤胃微生物群系已形成，羔羊可以大量利用植物性饲料，母羊可回来后喂奶。对放牧羔羊补给适量的精料、食盐，并给予充足卫生的饮水。早熟品种山羊，一般断奶时会有性成熟表现，放牧时，要防止公羊、母羊偷配，最好在3月龄时将公、母羊分群放牧。

六、早期断奶

（一）实施羔羊早期断奶的必要性

羔羊正常的断奶时间为2~3月龄，也有3~4月龄断奶的。但羔羊常规断奶主要存在以下缺点：一是羔羊正常断奶，母羊很难做到一年两产或两年三产，母羊利用率不高；二是羔羊和母羊同圈饲养，由于母羊要哺乳羔羊，体力无法得到尽快恢复，延长了配种周期，降低了其繁殖利用率；三是母羊产羔后，2~4周泌乳达高峰，8周内泌乳量相当于全期总泌乳量的75%，此后泌乳量明显下降，60日龄后母羊分泌的母乳营养成分已不能满足羔羊快速生长发育的营养需要，因此羔羊的发育受到影响，增重受到限制；四是羔羊的常规饲养法，哺乳期长，劳动强度大，而且培育成本高；五是常规法断奶，羔羊瘤胃和消化道发育迟缓，断奶过渡期长，影响了断奶后的育肥；六是难以运用最新的营养学知识来配制高水平的开食料，常规法断奶难以正确掌握各种营养的需要量和摄取量，难以配制适合羔羊的开食料，因而使新的养羊研究成果向实践转化受到影响；七是常规断奶难以适应规模化、集约化经营的发展趋势，达不到全进全出的先进生产要求。而实施羔羊早期断奶则可克服这些缺点，能运用现代科学的饲养知识来配制饲料，使羔羊的生长发育达到最佳状态，是一项必要的技术措施。生产中，条件好的养羊场（户），全年采取一年两产或两年三产的母羊高频密繁殖模式时，可实施羔羊早期断奶。如果自然条件差，饲养管理粗放，过早断奶会增大羔羊的死亡率，造成不必要的损失。但断奶时间超过3月龄，既不利于羔羊的生长发育，也不利于母羊的生产和繁殖。

（二）羔羊早期断奶的时间

关于羔羊早期断奶的时间，尚无统一的规定，主要有两种方式：一是有的国家对羔羊采用生后1周左右早期断奶，然后用代乳料进行人工育羔；二是生后6~7周断奶，断奶后就可以全部饲喂植物性饲料或放牧。从羔羊胃肠功能发育来看，生后7周龄已能像成年羊一样有效利用饲料。目前，世界上对羔羊早期断奶的国家，澳大利亚多数地区推行6~10周龄断奶，在干旱季节牧草枯萎时，羔羊4周龄时就断奶。保加利亚在羔羊生后25~30日龄断奶。法国认为羔羊活重比初生重大2倍时断奶为宜，英国认为活重达到11~12千克就可以断奶。新西兰专业化繁育场的羔羊在4~5周龄断奶，转入育肥场，4月龄出栏，生产12~15千克的胴体。我国羔羊断奶时间因品种、地区、饲养方式不同而有差异，多在2~3月龄，通常在3月龄断奶。肉用羊为早熟品种，根据试验，45~60日龄断奶较为适宜。

（三）羔羊早期断奶技术

1. 采用高质量的代乳粉和开食料　羔羊体质较弱，瘤胃体积有限，并且尚未发育，未建立起微生物种群。如粗饲料过多，营养跟不上；精饲料过多则缺乏饱腹感，因此要求精粗比以 8:2 为宜。羔羊又处在生长发育时期，不论是代乳粉、开食料还是早期的补料，要求营养中蛋白质、能量水平要高，矿物质和维生素要全面。

2. 训练羔羊早龄开食　羔羊早期断奶的第一步是训练羔羊早龄开食。一般从 7~10 日龄开始诱食，10~15 日龄开始补饲，训练羔羊开食的时间越早越好。虽然在 2~3 周龄前采食有限，但早龄采食极少量的固体饲料对建立瘤胃功能和采食行为有很大作用。早龄训练开食，对促进羔羊的生长还具有长期的效应。

训练羔羊开食时，需在羊舍固定地点设一围栏，内置饲槽，母羊进不去，羔羊可以随意进去采食。也可以采用母仔分群的方法，将羔羊隔开单独训练。训练开食时，可采用多种方法，如适当短期限制哺乳，待羔羊饥饿时补饲代乳粉或开食料，也可以先用液体代乳粉诱导，逐步过渡到饲喂固体开食料。给羔羊开食的饲料，要逐渐加大补饲量，投放饲料总量以一次给料、羔羊能在 20~30 分钟吃完为好。开始时每只羔羊每天 400 克左右，一直到断奶时全期每只羔羊平均消耗 10 千克左右饲料。随着羔羊采食量的逐渐加大，羔羊哺乳的次数也应逐渐减少，最终过渡到完全断奶。

3. 羔羊断奶方法　羔羊断奶有两种方法，即一次性断奶和逐渐断奶。规模养羊场（户）一般多采用一次性断奶，即将母仔一次性分开，不再接触。逐渐断奶法是在预定的断奶日期前几天，把母羊赶到远离羔羊的地方，每天将母羊赶回，逐渐减少羔羊吃奶的次数直到断奶。断奶对羔羊在生理上是一个较大刺激，处理不当会引起羔羊生长缓慢。为此，可采取断奶不离圈、不离群的方法，即将羔羊留在原羊圈饲养，母羊另外组群，尽量保持羔羊原有的生活环境，饲喂原来的饲料，减少对羔羊的不良刺激和对生长发育的影响。

（四）羔羊早期断奶的日粮标准要求与补饲配方

1. 早期断奶的日粮标准要求 不论是代乳粉、开食料，还是早期的补料，必须根据羔羊消化生理特点及正常生长发育对营养物质的要求，在保证质量尽量接近母乳的前提下，对羔羊早期断奶的饲料总的标准要求是：一要适口性好，保证吃够数量；二要营养价值高，特别是蛋白质和能量；三要成本低廉。

2. 羔羊早期补饲日粮配方 早龄羔羊开食日粮的适口性十分重要，因为这时羔羊对饲料种类的区分能力差，要靠适口性吸引羔羊吃食。开食料后改为补饲料，可以不过分强调适口性，重点是保证蛋白质的质量和数量。对早龄羔羊适口性好的饲料有豆粕，它不仅能提高日粮的适口性，而且能保证蛋白质营养，其次是苜蓿干草。玉米也是适口性好的饲料，在日粮配方中不可缺少。羔羊的日粮成分要求：能在瘤胃内发酵快、粗纤维含量少。

配合日粮的标准要求：①蛋白质不低于15%。有试验表明，断奶羔羊日粮的粗蛋白质水平在20%以上比16%可获得更多的日增重。②最好用颗粒饲料。颗粒饲料体积小，营养浓度大，非常适合饲喂羔羊，而且饲喂颗粒饲料可加大羔羊采食量，提高日增重。实践证明：颗粒料比粉料多提高饲料报酬5%～10%，适口性好，羔羊喜欢采食。另外，颗粒饲料良好的流动性和输运性对于羔羊采食非常重要。因此，在早期补饲及后期强度育肥时都可采用颗粒饲料。颗粒饲料直径为0.4～0.6厘米。③日粮中应添加国家允许使用的药物饲料添加剂。药物饲料添加剂不仅可以防病，而且还可以促进生长，对提高羔羊成活率和育成率及断奶重具有重要作用。羔羊早期补饲日粮可参考美国NRC推荐的羔羊早期补饲日粮配方，见表4-15。

表 4-15　美国 NRC 推荐的羔羊早期补饲日粮配方

（单位：%）

项目	A	B	C
玉米	40.0	60.0	88.5
大麦	38.5	—	—
燕麦	—	28.5	—
麦麸	10.0	—	—
豆饼、葵花籽饼	10.0	10.0	10.0
石灰石粉	1.0	1.0	1.0
加硒微量元素盐	0.5	0.5	0.5
金霉素或土霉素/（毫克/千克）	15.0~25.0	15.0~25.0	15.0~25.0
维生素 A/（国际单位/千克）	500	500	500
维生素 D/（国际单位/千克）	50	50	50
维生素 E/（国际单位/千克）	20	20	20

注：（1）6 周龄以内要碾碎，6 周龄以后整喂。（2）苜蓿干草单喂，自由采食。（3）石灰石粉与整粒谷物混拌不到一起，取豆饼等蛋白质饲料与 10%石灰石粉混拌，加在整粒谷物的上面喂。（4）大麦、燕麦可以用玉米代替。（5）预防尿结石病，可以另加 0.25%~0.50%氯化铵。

第七节　育肥羊生态健康养殖管理技术

肉羊育肥的方式因各地生态环境、饲养方式、经营规模等实际情况而不同。根据生理阶段分为哺乳羔羊育肥、早期断奶强度育肥、当年羔羊育肥和成年羊育肥；根据饲养方式可分为放牧育肥、舍饲育肥和混合育肥；根据棚舍形式分为敞圈育肥、圈棚育肥和暖棚育肥；根据育肥强度分为短期强度育肥和易地育肥；根据饲养规模分为集约化育肥、专业户育肥和农户育肥。下面以生理阶段为主线，主要介绍羔羊育肥和成年羊育肥饲养管理技术。

一、育肥前准备工作

1. 组群　育肥前要根据品种、年龄、性别分别组群，单独分圈饲养。若育肥规模大，羊只数量多，不同类别的育肥羊需再按照膘情好坏，进一步分群饲养。这样可避免因体质差异而影响育肥效果。通常可将育肥羊分为羯羊群、淘汰母羊群、当年羔羊群等。

2. 育肥羊舍的准备　育肥羊进圈前，对圈棚进行全面检查，发现问题及时修建。然后用3%~5%的碱水或10%~20%的石灰乳对地面、墙壁、饲槽等进行全面彻底的消毒。所用工具用消毒王等消毒剂消毒。每只羊圈门前应铺垫石灰。规模较大的育肥户或羊场，都应设有消毒间和消毒池，进场人员和车辆应严格消毒。严禁非工作人员进入生产区，以防疾病的传染。

3. 去势、修蹄、剪毛、驱虫和防疫注射　去势后的羊，性情温驯，便于管理，容易育肥，同时还可减少膻味，提高羊肉品质。凡供育肥的羔羊，一般在2~3周龄去势。在现代养羊生产中，许多育肥羊饲养场，对育肥公羔不予去势，其增重效果比去势的同龄公羔快，而且膻味与去势的羔羊无明显差别，有条件的地区可推广应用。放牧育肥羊应进行修蹄。当年出生、当年育肥宰杀的肉毛兼用品种羔羊，在宰杀前60~90天或周岁以上羊在进入短期育肥前60~90天，均可进行一次剪毛，既有利于羊只采食抓膘，又可增加一定量的羊毛收入，同时也不影响宰杀羊只后对毛皮的利用，从而增加了经济收入。为了提高肉羊的增重效果，加速饲草料的有效转化，在进入育肥期前，选用低毒、高效、经济的药物（阿维菌素、硫酸铜等）对参加育肥的羊只进行至少1次体内外驱虫工作。驱虫时间、驱虫药物用量、排虫地点及有关注意事项，均应按事先制订的计划在兽医师指导下进行。为了预防传染病，所有的育肥羊都要皮下注射或肌内注射三联苗（羊猝狙、羊快疫、羊肠毒血症）或五联苗（羊快疫、羊猝狙、羊肠毒血症、羔羊痢、黑疫）5毫升，14天后即产生免疫力，免疫期0.5~1年。

4. 储备饲草 俗话说“兵马未动，料草先行”，要确保育肥工作的顺利进行，必须储备足够的饲草，且不轻易变更饲草饲料。通常育肥羊每天每只需干草约1千克，或青贮饲料3千克。一个存栏3 000只育肥羊的羊场，每天约需3吨干草或9吨青贮饲料，一旦发生短缺，临时调运是来不及的。饲草储备方式主要有以下几种。

（1）制作青贮饲料：大型集约化育肥羊场，应有自己的饲草基地，根据饲草生产供应计划，安排青贮玉米的种植面积，使青贮原料有足够的保证。若没有饲草基地，或饲草基地规模较小，要在秋季玉米收割时，立即大量收购青玉米秸秆。同时，组织好青贮玉米的制作，做到边收购，边拉运，边储存。

（2）大量收购作物秸秆：收购时应注意收购时间，过早，秸秆中水分大，若储藏不妥，容易发霉。北方地区玉米收割后秸秆基本干透就可收购，稻草应在收割后2~3个月收购。

（3）种植人工牧草：利用耕地种植优良饲草的经济收入，高于种植粮食作物，农民容易接受。故在保证粮食生产的前提下，大量种植人工牧草，是增加农民收入，调整农业产业结构的重要措施之一。据调查，在大面积种植苜蓿的农场，苜蓿的干草产量每公顷可达15吨，价值1.2万元，除去种子、人工、肥料、农药、收割机械折旧等，每公顷至少可收入3 000元，如果将长的苜蓿出售，余下较短的喂肉羊，效益更高。

（4）储备精饲料：精饲料可先储备一部分，随后边用边购，储备时注意饲料的含水量，储藏玉米饲料时，含水量必须在13%以下，否则容易发霉而造成损失。

二、羔羊育肥

羔羊的育肥是利用羔羊周岁前生长速度快、饲料报酬高等特点进行的育肥，包括哺乳羔羊育肥、早期断奶羔羊强度育肥、断奶羔羊育肥和当年羔羊育肥4种类型。

（一）哺乳羔羊育肥

哺乳羔羊育肥方式不属于强度育肥，羔羊仍按舍饲方式饲养，羔羊在10日龄开始提高补饲水平，羔羊到达3月龄时，从大群中挑出达到屠宰体重（30千克）的羔羊，出栏上市。不够屠宰标准的羔羊，断奶后转入一般群继续喂养。羔羊不采取早期断奶，仍然保留原有的母仔对，可减免因断奶而改变羔羊生活环境所产生的应激反应，稳定羔羊生长。该方法以早熟性能好的公羔为肥育对象，但不是羊肉生产的主要方式，是满足节日市场需要的特殊生产方式。

1. 饲养方法　以舍饲肥育为主，母仔同时加强补饲。母羊每天喂足量优质豆科牧草，加800克精料，羔羊隔栏补饲，开食越早越好，每天补饲2次。

2. 饲料配制　整粒玉米75%，黄豆饼18%，麸皮5%，沸石粉14%，食盐0.5%，维生素和微量元素0.1%。其中，维生素和微量元素的添加量按每千克饲料计算为：维生素A、维生素D、维生素E分别是5 000国际单位、1 000国际单位和200国际单位，硫酸钴3毫克，碘酸钾1毫克，亚硒酸钠1毫克。每天喂2次，每次喂量以20分钟内吃净为宜；羔羊自由采食上等苜蓿干草。若干草质量较差，日粮中每只应添加50~100克蛋白质饲料。

3. 适时出栏　经过30天育肥，到4月龄时止，挑出羔羊群中体重达到30千克以上的羔羊出栏上市。剩余羊只断奶后再转入舍饲育肥群，进行短期强度育肥；不作育肥用的羔羊，可优先转入繁殖群饲养。

（二）早期断奶羔羊强度育肥

早期断奶羔羊强度育肥是指羔羊经过45~60天哺乳，断奶后继续在圈内饲养，到120~150日龄，活重达25~35千克时屠宰的育肥方式。其特点是：在哺乳期就开始羔羊的强度育肥，对羔羊实现早期断奶，直线育肥，采取3月龄羔羊出栏上市，意义在于使母羊全年繁殖，安排在秋季和冬季产羔，生产节日特需的羔羊肉。技术要点包括以下几项内容。

1. 羔羊断奶前实行隔栏补饲 羔羊1.5月龄断奶前半个月实行隔栏补饲，或在早、晚有2~4小时的时间与母羊分开，让羔羊在专用圈内活动，活动区内放有饲料槽和饮水器，其余时间仍然母仔在一起。补饲的饲料应与断奶后的饲料相同，谷粒在刚开始饲喂时可以稍加破碎，羔羊习惯采食后，则以整粒饲喂为宜，有条件最好加工成羔羊颗粒饲料。颗粒饲料适口性好，羊喜欢采食，比粉料能提高饲料报酬5%~10%。

2. 实施早期断奶 从理论上讲，羔羊断奶的月龄和体重，应以能独立生活并以饲草为主获得营养为准。对羔羊实行早期断奶，可缩短育肥进程。据M. J. lucke试验观察，羔羊8周龄以后瘤胃已充分发育，能采食和消化大量植物性饲料，此时断奶是比较合理的。

3. 做好预防注射 肥育羔羊常见的传染病有羊肠毒血症和出血性败血症。羊肠毒血症疫苗可以在产羔前给母羊注射，或在断奶前给羔羊注射。羔羊活动场要保持干燥卫生，通风良好。

4. 按比例配制日粮 根据羔羊的体重和肥育速度，配制全精料日粮。现列出早期断奶羔羊的饲料配方，仅供参考。玉米83%、黄豆饼15%、石灰石粉1.4%、食盐0.5%、添加剂0.1%（其中氧化镁200毫克，硫酸锰80毫克，硫酸锌1毫克，碘酸钾1毫克，维生素A、维生素D、维生素E分别为500国际单位、

1 000国际单位和 20 国际单位)。肥育全期不变更饲料配方。

5. 羔羊自由采食肥育饲料　最好采用自动饲槽，以防止羔羊四肢踩入饲槽，污染饲料，降低饲料摄入量，扩大球虫病和其他病菌的传染。自动饲槽应随羔羊日龄增大而适当升高，以饲槽中没有饲料堆积或溢出为准。

6. 供给充足的饮水　饮水器内始终保持有清洁的饮水。

7. 饲喂优质干草　断奶羔羊的日粮单纯依靠精饲料，既不经济又不符合生理机能规律。日粮必须要有一定比例的干草，一般占饲料总量的 30%~60%；另外，饲喂苜蓿干草效果明显优于其他干草。

8. 适宜出栏　出栏时间与品种、饲料、育肥方法等有直接关系。大型品种 3 月龄出栏，体重可达 35 千克，小型品种相对差一些。断奶体重与出栏体重有一定相关性。据试验，断奶体重 13~15 千克时，育肥 50 天体重可达 30 千克，断奶体重 12 千克以下时，育肥后体重 25 千克，在饲养上设法提高断奶体重，就可增大出栏活重。

（三）断奶羔羊育肥

羔羊 2~3 月龄断奶，经过 90~150 天的肥育，于 6~8 月龄达到屠宰体重。宰前活重一般公羔 50 千克，母羔 40 千克，胴体重 20~22 千克。从我国羊肉生产的总体趋势看，正常断奶羔羊育肥是最基本的生产方式，也是工厂化高效肉羊生产的主要途径。育肥方式有放牧育肥、舍饲育肥和混合育肥三种，生产者可依据实际条件灵活应用。

1. 预饲期　预饲期一般为 15 天，分三步过渡。第一步 1~3 天，自由饮水，只喂干草，让羔羊适应新的环境。在这之后，仍以干草日粮为主，但逐步添加第二步日粮。从第 7 天进入第二步日粮，喂到第 10 天，进入第三步，到第 15 天正式进入肥育期。预饲期第二步参考日粮：玉米粒 25%、干草 64%、糖蜜 5%、油饼5%、食盐1%、抗生素50毫克。精粗料比例为36∶64。预饲期第三步参考日粮：玉米粒39%、干草50%、糖蜜5%、油饼5%、食盐1%、抗生素35毫克。精粗料比例为50∶50。

预饲期的饲养管理要点：投喂饲料不宜用自动饲槽，用普通饲槽1天投喂2次。每只羔羊占饲槽长度25~30厘米，保证羔羊在投喂时，都能够到饲槽前吃料。投料量以在45分钟内吃完为准，量不足要添，量过多要清扫。羔羊吃食时，要注意观察羔羊的采食行为和习惯，通过调整，实施分群饲养。如要加大喂量或变换日粮配方都应在2~3天完成，切忌变换过快。根据羔羊表现，如果发现日粮配方不够完善，应及时调整饲料种类和日粮配方。做好羔羊的预防注射和驱虫。

2. 育肥期 预饲期结束，进入育肥期。育肥期的长短，因羔羊品种、类型、入圈个体大小，以及肥育期所采用的日粮类型而定。例如肉羊品种，或肉羊与当地品种的杂交后代其生长速度较快，如果提供较高的日粮标准，日增重可以达到300克左右，一般肥育90天，便能上市屠宰。在饲养管理方面，羔羊先喂15天预饲期日粮，再转用青贮饲料型育肥日粮。青贮型日粮开始时要适当控制喂量，以后逐日增加，10~14天达到全量。羊每天采食量不少于2~3千克，否则达不到预计的日增重。按饲料比例配匀，石灰石粉的数量要保证5%。每天要清饲槽，保持清洁卫生。现介绍几种肥育日料，仅供参考。

（1）粗饲料型日粮：适合普通饲槽、人工投喂条件。玉米可以用整粒玉米或带穗全株玉米。干草以豆科为主的优质干草，蛋白质含量不低于14%。玉米粒或全株玉米要经过粉碎加工后，与蛋白质补充料配制成精料，每天分早晚2次投喂，干草自由采食。日粮配方见表4-16。

表 4-16 断奶羔羊育肥期日粮配方（%）

类型 成分	粗饲料型日粮（1）				粗饲料型日粮（2）			
	玉米粒	干草	黄豆饼	抗生素	全株玉米	干草	蛋白质补充剂	糖蜜
中等能量	57.75	40.00	1.25	1.00	65.00	20.00	10.00	5.00
低能量	52.25	47.00	—	0.75	58.75	28.75	7.50	5.00

（2）精料型日粮：全精料型日粮配方为：玉米60%、豆粕20%、麸皮18%、添加剂2%、矿物质食盐舔块自由采食。每天给羔羊采食50~90克的秸秆或干草。全精料型日粮只适用于35千克左右的健壮羔羊，通过强度肥育，40~55天体重达48~50千克上市。可将粗饲料和精饲料按40∶60的比例配合日粮，加工成颗粒饲料，采用自动饲槽添料，羔羊24小时自由采食，自由饮水。

（3）全价颗粒型日粮：颗粒饲料喂羊才能实现肉羊饲养的标准化，配制全价平衡日粮，使羔羊发挥最大的生长潜力，提高肉羊的饲料利用率，将是羔羊育肥生产主要饲料形式，应积极推广。现介绍几个颗粒饲料日粮配方供参考，见表4-17。

表 4-17 颗粒型日料配方（%）

	羔羊用		成年羊用	
	6月龄前	6~8月龄	配方1	配方2
禾本科草粉	39.5	20.0	35.0	30.0
豆科草粉	30.0	20.0	—	—
秸秆	—	19.5	44.5	44.5
精料	30.0	40.0	20.0	25.0
磷酸氢钙	0.5	0.5	0.5	0.5

（4）青贮饲料型日粮：本型日粮以青贮玉米为主，占到日粮的67.5%~87.5%，不适用于羔羊的短期强度肥育，可以用于

肥育期较长的、初始体重较小的羔羊肥育，日粮配方见表 4-18。

表 4-18　青贮饲料型日粮配方

	配方 1	配方 2
粉碎玉米粒（%）	27.5	8.75
青贮玉米（%）	67.5	87.5
黄豆饼（%）	5.0	—
蛋白质补充剂（%）	—	3.5
石灰石粉（%）	0.5	0.25
维生素 A（国际单位）	1 100	825
维生素 D（国际单位）	110	83
抗生素（毫克）	11.0	11.0

（四）当年羔羊育肥

当年羔羊育肥是指羔羊断奶后在草地上放牧一段时间，然后进入舍饲育肥期或断奶后一直在优良牧草的草地上放牧，当活重达 25~35 千克时屠宰的生产过程。这是目前我国生产羔羊肉的主要形式。

1. 当年羔羊的短期舍饲育肥　这种育肥方式基本上属于吊架子育肥。哺乳期以母乳促进羔羊发育，断奶后在草地上放牧，使得骨架长大，进入舍饲育肥后饲喂精料使之增膘。生产上前期以奶为主，草料为辅，中期全部依靠牧草，后期增加精料喂量，这样就可以充分用夏季盛草期的新鲜牧草，大大降低生产成本。当年羔羊经育肥后，肉质细嫩，新鲜多汁，膻味小，销售价格比成年羊肉高 20%~50%。

（1）技术要点：当年羔羊均未参加配种，此时羔羊已性成熟，为保证育肥效果，应按性别分圈饲养，尽量减少应激反应。羔羊对饲料中有毒成分反应比较敏感，因而要防止其饲料中毒；注意维生素和微量元素的补充，以免营养缺乏，影响增重；精粗料比则以6∶4为宜。羔羊与成年羊相比较，对环境的抵抗力较差，冬季舍饲育肥时气温较低，能量消耗用于维持饲养，使得增膘速度慢。为此，在寒冷的牧区，可采用暖棚养羊方法育肥，在气温较高的半农半牧区，可通过调整饲养密度的方法予以弥补。

（2）具体方法：第一阶段（1～15天）1～3天：仅喂干草。自由采食和饮水。干草以青干草为宜，不需铡短。4～7天：逐渐用日粮Ⅰ配方替代干草，干草逐渐变成混合粗料。注意：混合粗料指将干草、玉米秆、地瓜秧、花生秧等混合铡短（3～5厘米）。8～15天：喂日粮Ⅰ配方。日喂量每只羊2千克，日喂2次，自由饮水。日粮Ⅰ配方：玉米30%、豆饼5%、干草62%、食盐1%，羊用添加剂1%、骨粉1%。第二阶段（16～50天）13～16天：逐步由日粮Ⅰ变成日粮Ⅱ配方。17～50天：喂日粮Ⅱ配方。先粗后精，自由饮水。喂量每只每次0.2千克，日喂2次（拌湿）。混合粗料日喂量1.5千克，日喂2次。日粮Ⅱ配方：混合精料为玉米65%、麸皮10%、豆饼（粕）13%。优质花生秧粉10%、食盐1%、添加剂1%。混合粗料为玉米秆、地瓜秧和花生秧等。第三阶段（51～60天）51～55天：混合精料逐步由日粮Ⅱ过渡到日粮Ⅲ配方，精饲料或青绿饲料正常饲喂即可。56～60天：喂日粮Ⅲ配方混合精料，日喂量每只羊0.25千克，粗料不变。日粮Ⅲ混合精料配方：玉米85%、豆饼（粕）5%、麸皮6%、骨粉2%、食盐1%、添加剂1%。粗料添加量随精料增加而减少，先粗后精，自由饮水。

2. 当年羔羊的放牧育肥　羔羊断奶前主要依靠母乳，随着日龄的增长，牧草比例增加，断奶到出栏一直在草地上放牧，最后达到一定活重即可屠宰上市。参加育肥的品种应具有生长发育快、成熟早、肥育能力强、产肉力高的特点。此外，要有好的草场，牧草生长繁茂，适合于当年羔羊的育肥。羔羊的放牧育肥方法与成年羊放牧方法相似，但需注意羔羊不能跟群太早，年龄太小易出现丢失现象。放牧羊应按体重大小和体质状况分群，在水位高的返潮地带，有时羔羊易踏入泥坑，造成死亡损失。

三、成年羊育肥

成年羊育肥方式可根据羊只来源和牧草生长季节来选择，目前主要的育肥方式有放牧与补饲混合型育肥和舍饲育肥2种。无论采用何种育肥方式，放牧是利用天然饲草资源和降低成本的有效方法，也适用于成年羊快速育肥。

1. 饲养管理要点

（1）选羊、分群：选择膘情中等、身体健康、牙齿好的羊只育肥，淘汰膘情很好和极差的羊。把相近情况的羊挑选出来放在同一群育肥，避免因强弱争食造成较大的个体差异。

（2）入圈前的准备：对待育肥羊只注射三联苗和驱虫，并进行环境（羊舍及运动场）清洗与消毒，圈内设置足够的水槽和料槽。

（3）选好最优配方配制日粮：选好日粮配方后严格按比例称量配制日粮。为了提高育肥效益，应充分利用天然牧草、秸秆、树叶、农副产品及各种下脚料，扩大饲料来源，合理利用尿素及各种添加剂。

（4）安排合理的饲喂制度：成年羊只日粮的日喂量依配方不同而有差异，一般为2.5~2.7千克，每天投料2次，日喂量的分配与调整以饲槽内基本不剩为标准。喂颗粒饲料时，最好采用自动饲槽投料，雨天不宜在敞圈饲喂，午后应适当喂些干草，以利于反刍。总之，在肉羊育肥的生产实践中，各地应根据当地的自然条件、饲草资源、肉羊品种及人力物力状况，适当选择适宜的育肥模式进行羊肉的生产，达到以较少的投入，换取更多肉产品的目的。

2. 夏季放牧补饲型　成年羊以放牧育肥为主，归牧后适当补饲精料，育肥日增重 120~140 克。

（1）放牧要求：夏季放牧要立足一个“膘”字，着眼一个“草”字，防范一个“病”字，狠抓一个“放”字；日常工作中尽量做到“三防”，即防有毒有害草、防蚊蝇侵扰和防疾病；“四稳”，即出牧稳、收牧稳、饮水稳、游牧稳；“五看”，即看羊、看水、看地形、看大气、看有无野兽。放牧的时候，要坚持跟群放牧、保证放牧时间、尽量做到少走慢游。

（2）放牧技术：保证足够的放牧时间。一般是天一亮就把羊由圈内赶到卧场内晾羊，待上午 10 时露珠晒干后出牧，放到 12 时应及时补盐。

3. 秋季放牧补饲型　主要选择淘汰老母羊和瘦弱羊为育肥羊，育肥期一般在 60~80 天，此时可采用两种方式缩短育肥期，一是使淘汰母羊配种，怀孕育肥 50~60 天屠宰；二是将羊先转入秋季牧场或农田茬子地放牧，待膘情好转后转入舍饲育肥。舍饲育肥的配方：禾本科干草 1.5 千克，青贮玉米 2.0 千克，精料 0.5 千克。

（1）放牧要求：秋季放牧也要立足“膘”，着眼“草”，防范“病”，狠抓“放”。日常工作做到“四稳”。

（2）放牧技术：秋季气候凉爽，天渐变短，牧草开始枯老，草秆成熟。羊吃了含脂肪多、热能多、易消化的草籽后，能在体内积存脂肪，促使上膘。农田收获后的茬子地有大量的穗头、茎叶、杂草，成为放牧抓膘的极好机会，农谚有“夏抓肉膘，秋抓油膘”之说，为了抓好油膘，一定要选择好放牧地。初秋时气温逐渐下降，野草开始结子，羊食欲增加，这段时间要多放阳坡，少放阴坡。放牧时间尽量延长，早晚少晾羊，中午少卧晌，一天可在上、下午两次放牧。

4. 舍饲育肥　此法适用于有饲料加工条件的地区和饲养的成年肉羊或羯羊。根据成年羊育肥标准合理地配制日粮。成年羊舍饲育肥时，最好加工为颗粒饲料。推荐配方如下：玉米秸秆粉37.5%，苜蓿草粉20%，精料20%，青干草粉10%，碳酸氢钙0.5%，食盐1%，预混料1%。

第五章　肉羊养殖场生态环境控制技术

第一节　肉羊养殖场的生态环境管理

一、肉羊舍环境控制

（一）温度控制

冬季育成羊舍温度不能低于 0℃，羔羊舍不能低于 8℃，夏季则不宜超过 30℃。

1. 羊舍的降温和防暑

（1）增加屋顶和外墙的热阻：增大外围护结构的热阻，减少结构内表面温度波动。一般屋顶由三层组成：上层采用导热系数大的材料，中层采用蓄热系数大的材料，下层用导热系数小的材料。这样可使舍外热量向内传播受阻，舍温高时则能使热量迅速向外散失。

（2）利用空气的隔热特性：为提高羊舍的隔热能力，炎热地区可建成含双层空气夹层的屋顶，减少辐射热，增加空气流通，带走屋顶空间热量，提高屋顶隔热能力。

（3）遮阳和绿化：窗户设挡板遮阳，阻止太阳光入舍。增大绿化面积，利用植物光合作用和蒸腾作用，消耗部分太阳辐射热，降低舍外温度。

（4）加强羊舍夏季通风：羊舍布局于地形开阔处，朝向主风向，增大羊舍间距，错位布局，前排不挡后排主风向，进风口设在正压区，排风口在负压区。羊舍前后墙留较大的窗户，在羊舍靠近地面处设进风口和排风口，或安装风扇。

（5）其他降温措施：当外界气温接近或高于羊体温，通过遮阳、通风等措施不能降低舍温时，采用冷水喷淋屋顶或进气口设空调器使入舍空气温度降低。

2. 羊舍的防寒保温 我国北方冬季气候寒冷，可采用塑料膜大棚式羊舍。南方可采用塑料编织布、草帘封遮办法，提高舍温。

（二）湿度控制

肉羊舍应保持干燥，及时清粪，地面不能太潮湿，空气相对湿度以50%～70%为宜。如羊舍湿度过大时，可通过通风换气（注意冬季保温）、加温降湿（适用于冬季）和冷凝除湿的方法降湿处理。如羊舍内湿度偏低，可喷水、喷雾加湿。

（三）通风换气控制

通风换气参数为成年肉羊冬季0.6～0.7米^3/只，夏季1.1～1.4米^3/只；肥育羔羊冬季0.3米^3/只，夏季0.65米^3/只。常用通风方式有以下几种：

1. 借助自然界的风压和热压通风 夏季炎热地区依靠开启门、窗达到通风换气。

2. 安装通风管道装置 进气管用木板做成，断面面积20厘米×20厘米或25厘米×25厘米，均匀交错嵌于两面纵墙，距天棚40～50厘米，墙外进气口向下，防止冷空气直接侵入。墙内进气口设调节板，把气流扬向上方，炎热地区将进气管置于墙下方。排气管设于屋脊两侧，下端伸向天棚处，上端高出屋脊0.5～0.7米，两管间距离8～12米。

3. 机械通风 一种为负压通风，用风机把舍内污浊空气向外抽，舍内气压低于舍外，舍外空气由进气口入舍，风机安装于侧壁或屋顶；另一种为正压通风，强制向舍内送风，使舍内气压稍高于舍外，污浊的空气通过开漏部分压出舍外。

（四）采光控制

一般羊舍采用自然光照，要求采光系数（窗户的有效采光面积与舍内地面面积之比）成年羊舍为1∶(15～25)，羔羊舍为1∶(15～20)。羊只昼夜需要的光照时间为公、母羊8～10小时，怀孕母羊16～18小时。

二、肉羊场环境卫生控制

肉羊养殖场四周设生物安全带，通过设置围墙、防护林带或在院墙外建防疫沟（沟内常年有水），以防止闲杂人员及其他畜、禽或生物进入场区。同时，利用羊舍间防疫间距进行绿化布置。

肉羊舍、圈、场地及用具要保持清洁、干燥，每天清除圈舍内及周围的粪便、杂物、垃圾及乱草堆等污物。填平场内的死水坑，认真开展杀虫灭鼠工作。蚊、蝇、虻虫是羊场传播疾病的有害昆虫，对于羊场的生物安全有很大影响，因此必须予以重视。杀灭蚊子、苍蝇可使用敌百虫、马拉硫磷等杀虫药，配成0.1%～0.2%溶液，或使用蝇毒磷，制成0.025%混悬液，每月在羊舍内外和蚊、蝇容易滋生的场所喷洒2次。除了在易于滋生蚊、蝇、虻虫的污水沟定期投药物进行药杀以外，在场区设置诱蚊、诱虻、诱蝇的水池和悬挂灭蚊蝇装置也是合理的选择。利用蚊子、苍蝇、虻虫的喜水、喜草、喜臭味的特性，在离羊舍5～10米的位置建造一个水池，并种植水稻、水稗草。池中央距水面高度1米处悬挂高光度青光电子灭蝇灯，这样既可将栖息于水池内稻、稗草上的虻虫诱飞而扑杀，也可杀灭蚊子、苍蝇。池中设置电极，利用电处理机器每隔1天启动1次，每次工作30分钟，即可杀死水中的虻虫、蚊幼虫。此外，对于羊场的粪便存储设施及粪堆经常以塑料薄膜覆盖，也可以减少苍蝇滋生。灭鼠可用捕鼠器、鼠夹、鼠笼、粘鼠板等，也可用化学药物灭鼠，常用敌鼠钠盐、安妥等药物，与0.05%毒饵或其他食饵融合均匀，在羊群放牧或在运动场时在舍内投放毒饵，当羊群回到羊舍内时撤走，注意及时清除鼠尸，以防发生二次中毒。

三、肉羊场卫生消毒

（一）消毒方法与选用原则

消毒是肉羊养殖场必备的重要环节，正确使用消毒方法是养殖场预防疫病感染和暴发的重要措施。兽医防疫工作中常用的消毒方法，包括物理消毒法、化学消毒法和生物热消毒法。每种方法都有其本身的优缺点，在实践中可根据实际情况和用途进行选择。

1. 物理消毒法 主要包括清扫、洗刷、通风换气、太阳光照射、紫外线消毒、干燥、火焰消毒、煮沸消毒、流通蒸汽消毒、高压蒸汽消毒、干热消毒等。

2. 化学消毒法 化学消毒法是通过化学消毒剂的作用破坏病原体的结构以直接杀死病原体或使病原体的增殖发生障碍的过程。在兽医防疫工作中，化学消毒法应用最为广泛。常用喷雾消毒（配制一定浓度消毒液，用喷雾装置进行喷雾消毒，主要用于肉羊舍清洗完毕后的喷洒消毒、带羊消毒、肉羊场道路和周围的消毒、进入场区的车辆的消毒）、浸液消毒（可进行洗手、洗工作服或胶靴消毒）、熏蒸消毒（主要用于空舍消毒）。

3. 生物热消毒法 本法是利用微生物发酵产热以达到消毒目的的一种消毒方法。常用于粪便、垫料等的消毒。

（二）常用消毒剂的选择、配制与使用

1. 常用消毒药品的选择 应注意选择对人和肉羊安全、没有残留毒性，不会在肉羊体内产生有害积累的消毒剂；杀菌性能

好，作用迅速；对金属、木材、塑料制品等设备无损坏作用；性质稳定、无易燃性和易爆性；不会因自然界存在有机物、蛋白质、渗出液等而影响杀菌效果；价格低廉、容易买到的消毒剂。

2. 常用消毒药品的配制　消毒药品配制时应按说明书注意药量和水量的配比，并现用现配，不能长时间存放，以防降低消毒药的有效性，此外，配制消毒药的容器必须干净。

3. 兽医防疫中常用的消毒剂及其使用方法　兽医防疫消毒剂包括酚类及其衍生物、醇类、醛类、碱类、氧化剂、酸类、卤素类和表面活性剂等。肉羊防疫中常用消毒剂及使用方法如下：

（1）氢氧化钠（烧碱、苛性钠）：为白色或黄色的块状或粉末，常用浓度为2%~4%。对细菌和病毒有强大的杀灭力。一般也可用1%~2%溶液对圈舍、地面、用具等消毒。本品有腐蚀性，消毒后应用清水冲洗。

（2）碳酸钠（纯碱）：常用4%碳酸钠加热水洗刷或浸泡衣物、用具、消毒场地。

（3）10%~20%新鲜石灰乳：1份生石灰（氧化钙）加1份水即制成熟石灰（氢氧化钙），然后用水配成10%~20%混悬液用于墙壁、圈栏、地面等的消毒。因熟石灰久置后吸收空气中二氧化碳变成碳酸钙而失去消毒作用，故应现配现用。在肉羊舍周围、入口、产床和培育床下面撒生石灰可杀死大量细菌或病毒，也可用于阴湿地面、粪池周围等处。

（4）漂白粉：又称氯化石灰或含氯石灰，是一种应用较广的消毒剂。漂白粉在使用时必须测定有效氯含量，凡有效氯含量在16%下的则不适宜消毒用。漂白粉常用浓度为5%~20%，其5%溶液可杀死一般病原菌，10%~20%溶液可杀灭芽孢。一般用于羊圈舍、地面、水沟、粪便、水井、运输车船等消毒。

（5）二氯异氰尿酸钠：为白色粉末，有味，杀菌力强，较稳定，含有效氯62%~64%，是一种有机氯消毒剂。用于空气

（喷雾）、排泄物、分泌物的消毒，常用其3%的水溶液，若消毒饮水则按4克/米^{3}使用。

（6）过氧乙酸：纯品为无色透明液体，易溶于水。本品为强氧化剂，消毒效果好，能杀死细菌、真菌、芽孢和病毒。可用于金属制品和橡胶制品以外的各种物品消毒。常用0.5%溶液消毒羊舍、地面、墙壁、饲槽等，5%溶液按2.5毫升/米^{3}喷雾消毒人工授精室。

（7）福尔马林：为含甲醛37%~40%的水溶液，有很强的消毒作用。2%~4%水溶液用于喷洒墙壁、地面等。如对肉羊圈舍进行彻底的熏蒸消毒时，常与高锰酸钾以2:1（福尔马林:高锰酸钾）的比例使用。用量视具体要求而定，一般为14~42毫升/米^3。甲醛熏蒸肉羊舍应在进肉羊前进行，21℃以上温度、70%以上相对湿度，封闭熏蒸24小时。福尔马林对皮肤、黏膜有刺激作用，使用时需注意安全。

（8）新洁尔灭、洗必泰、消毒净、度米芬（消毒宁）：这四种消毒剂的0.1%溶液，用于浸泡消毒各种器械（如金属器械需加0.5%亚硝酸钠以防锈）、玻璃、搪瓷、橡胶制品及衣物等，除新洁尔灭液需浸泡30分钟外，其他三种只需要浸泡10分钟即可达到消毒目的。使用该类消毒剂时，应注意避免与肥皂或碱类接触，以免降低消毒效力。

（三）消毒制度及常用消毒技术

1. 人员消毒 养殖场一般谢绝参观，严格控制外来人员。必须进入场区的人员，需在场门口更换靴鞋，并在消毒池内进行消毒。必须进入生产区和肉羊舍时，则与工作人员一样，要更严格消毒，在生产区入口处的消毒室（紫外线消毒）内更换清洁消毒好的工作服、帽和靴，经消毒池后进入生产区，并遵守场内防疫制度，按指定路线行走。消毒室要经常保持干净、整洁。工作服、靴、帽和更衣室定期洗刷消毒。

2. 环境消毒　肉羊舍周围环境每2~3周用2%氢氧化钠消毒或撒生石灰1次；场周围及场内污水池、排粪坑、下水道出口，每月用漂白粉消毒1次。在大门口、肉羊舍入口设消毒池，使用2%氢氧化钠或5%来苏儿溶液，注意定期更换消毒液。

3. 肉羊舍消毒　每批肉羊调出后，需彻底清扫干净，然后进行喷雾消毒或熏蒸消毒。用化学消毒液消毒时，消毒液的用量一般是羊舍内每平方米面积用1升药液。消毒时，先喷洒地面，然后墙壁，先由离门远处开始，喷完墙壁后再喷天花板，最后再开门窗通风，用清水刷洗饲槽，将消毒药味除去。

（1）肉羊舍的预防消毒：一般情况下，每年进行2次（春秋各1次）预防消毒，凡肉羊停留过的地方都需进行消毒。在采取“全进全出”管理方法的机械化肉羊场，应在每次全出后进行消毒。产房的消毒，在产羔结束后再进行一次。肉羊舍的预防消毒，也可在肉羊进舍前，用气体熏蒸消毒（图5-1）。

图5-1　熏蒸消毒专用机

（2）肉羊舍的临时消毒和终末消毒：发生各种传染病而进行临时消毒及终末消毒时，用于消毒的消毒剂随疫病的种类不同而异。一般肠道菌、病毒性疾病，可选用5%漂白粉或1%~2%

氢氧化钠热溶液。但如发生细菌芽孢引起的传染病（如炭疽、气肿疽等）时，则需使用10%~20%漂白粉乳、1%~2%氢氧化钠热溶液或其他强力消毒剂。

4. 带羊消毒 定期进行带羊消毒，有利于减少环境中的病原微生物。可用于带肉羊消毒的消毒药有0.1%新洁尔灭、0.3%过氧乙酸和0.1%次氯酸钠。带羊消毒在疫病流行时，可作为综合防治措施之一，及时的消毒对扑灭疫病起到一定作用。0.5%以下浓度的过氧乙酸对人及肉羊无害，为了减少对工作人员的刺激，在消毒时可佩戴口罩。

5. 肉羊药浴 肉羊药浴消毒是羊饲养管理上的一项重要工作。为预防和驱除羊体外寄生虫，避免疥癣发生，每年应在羊剪毛后10天左右，彻底药浴1次（图5-2）。药浴液除用敌百虫（2%溶液）、速灭杀丁（80~200毫克/升）、溴氰菊酯（50~80毫克/升）外，也可用石硫合剂（生石灰7.5千克、硫黄粉末12.5千克，加水150千克拌成糊状、煮沸，边煮边拌，煮至浓茶色为止，沥去沉渣，取上清液加温水500千克即可）外，也可用50%的锌硫磷乳油，这是一种新的低毒高效农药，效果很好，配制方法为100千克水加50克锌硫磷乳油，水温为25~30℃，洗羊1~2分钟。每50克乳油可药浴14只羊，第1次洗过后1周再洗1次即可。

图5-2 羊的药浴

肉羊药浴时需注意：

（1）药浴要选择晴朗、暖和、无风的天气进行，以防羊受凉感冒。药浴后，如遇风雨，应将羊赶入羊圈以保安全。

（2）羊群药浴前8小时停饲停牧。药浴前2~3小时给羊充分饮水，以免羊饮食药液中毒。

（3）药浴液温度一般应保持在30℃左右。病羊、小羔羊、妊娠3个月以上的母羊及受伤羊只禁止药浴。操作人员要戴橡胶手套，以防止药液侵蚀手臂。

（4）大群羊药浴时，最好先用1~2只羊进行安全试验，确认不会引起中毒时，才能进行大群药浴。对出现中毒症状的羊只，应及时解毒抢救。

6. 用具消毒 定期对补料槽、饲料车、料箱等设施进行消毒，一般先将用具冲洗干净后，用0.1%新洁尔灭或0.2%~0.5%过氧乙酸消毒，然后在密闭的室内进行熏蒸。

7. 粪便的消毒 羊粪便的消毒方法有多种，如焚烧法、化学药品消毒法、掩埋法和生物热消毒法等。实践中最常用的是生物热消毒法，此法能使非芽孢病原微生物污染的粪便变为无害，且不丧失肥料的应用价值。粪便的生物热消毒法通常有两种，一种为发酵池法，另一种为堆肥发酵法（图5-3）。

图5-3 堆肥发酵

8. 地面土壤的消毒 被病羊的排泄物和分泌物污染的地面

土壤，可用5%~10%漂白粉溶液、百毒杀或10%氢氧化钠溶液消毒。停放过芽孢所致传染病（如炭疽、气肿疽等）病羊尸体的场所，应严格消毒，首先用10%~20%漂白粉乳剂或5%~10%优氯净喷洒地面，然后将表层土壤掘起30厘米左右，运出掩埋。在运输时应用不漏土的车以免沿途漏撒，如无条件将表土运出，则应多加干漂白粉的用量（1平方米面积加漂白粉5千克），将漂白粉与土混合，加水湿润后原地压平。

9. 污水的消毒 被病原体污染的污水，用化学药品消毒。先将污水处理池的出水管用一木闸门关闭，将污水引入污水池后，加入化学药品（如漂白粉或生石灰）进行消毒。消毒药的用量视污水量而定（一般1升污水用2~5克漂白粉）。

（四）影响消毒效果的因素

消毒药的抗菌消毒作用可受很多因素的影响，主要有消毒药的选择、消毒剂浓度、消毒剂作用时间、消毒剂作用时温度、环境湿度、环境酸碱度、环境基质、微生物特点、消毒剂的物理状态、消毒剂的配制和使用、消毒制度等。因此，必须正确认识这些影响因素对消毒药造成的影响，以便在生产中加以重视。

第二节 肉羊生态养殖场废弃物综合治理技术

肉羊养殖过程中产生的废弃物主要有羊粪、污水、有害气体（如氨、硫化氢、二氧化碳等）等，要按照减量化、资源化和无害化的原则进行处理。

一、羊粪的治理与综合利用

（一）农牧结合，粪肥还田

羊舍的粪便需要每日及时清除，然后用粪车运出生产区。羊粪的收集过程必须采取防扬散、防流失、防渗漏等工艺。对于羊粪的储存，要防止雨淋而产生污水，在非用肥季节最好以塑料薄膜覆盖，以减少不良气体产生和苍蝇滋生。

实行羊粪还田，是一种良性生态循环的农牧结合模式，是生态农业的发展方向。具体模式是种草养畜，草畜配套，养羊积肥，以羊促草。这种发展模式，减少了规模养羊的环境污染；粪便通过发酵利用，可以减少寄生虫卵和病原菌的危害，还可以减少粪便中杂草籽对种植业的不良影响，实现了良好的经济效益和社会生态效益。

（二）制作有机肥

羊粪经发酵后作为有机肥供给种植业生产。羊粪的质量在畜类中首屈一指，新鲜的羊粪虽然含磷 0.46%，含钾 0.23%，和一般畜类相差无几，但氮素含量达 0.66%，有机质含量高达 30%左右，远远超出其他畜类，氮素含量比牛粪多 1 倍。因此，同样数量的羊粪施到土壤中，肥效远高于其他畜类，其肥料见效快，易做追肥，其主要成分易于在环境中分解，经土壤、水和大气等物理、化学过程以及微生物、植物的同化和异化作用，重新形成植物体成分。羊粪制作有机肥，要因地制宜。对于一些生产水平较高的示范性肉羊场，可以采用简易的设备建立复合有机肥加工生产线，使得羊粪经过不同程度的处理，有机质分解、腐化，生产出高效有机肥等产品。对于一般的肉羊场，可以采用堆肥技术，使羊粪经过发酵腐熟，其中的微生物对一些有机成分进行分解，杀灭病原微生物及寄生虫卵，也可以减少有害气体产生。

1. 堆肥处理技术　从卫生学和保持肥效方面考虑，堆肥发酵后再利用，比使用生粪要好。堆肥的优点是技术和设施简单，使用方便，无臭味。在粪肥堆制过程中，由于有机物的降解，堆内温度持续 15～30 天，达 50～70℃，可杀死绝大部分病原微生物和寄生虫卵。腐熟的堆肥属迟效肥料，对牧草及作物安全。堆肥的方法如下：

（1）场地：水泥地或铺有塑料膜的地面，也可在水泥槽中。

（2）堆积体积：将羊粪堆成长条状，高不超过1.5~2.0米，宽不超过1.5~3.0米，长度视场地大小和粪便多少而定。

（3）堆积方法：先比较疏松地堆积一层，待堆温达到60~70℃后保持3~5天（或者待堆温自然稍降后），再将粪堆压实，然后再堆积一层新鲜粪。如此层层堆积到1.5~2.0米为止，用泥浆或塑料膜密封。

（4）中途翻堆：为保证堆肥的质量，含水量超过75%时应中途翻堆，含水量低于60%时，最好泼水，满足一定的水分要求，从而有利于发酵处理效果。

（5）启用：密封3~6个月，待肥堆溶液的电导率小于0.2毫秒/厘米时启用。

2. 塑料（玻璃钢）大棚发酵干燥 发酵干燥工艺流程如图5-4所示。在生产过程中，要用搅拌机使鲜粪与干粪混合，来回搅拌，鲜粪与干粪混合的目的在于调节水分含量，以利于发酵。发酵和干燥过程需在塑料（玻璃钢）大棚内完成。

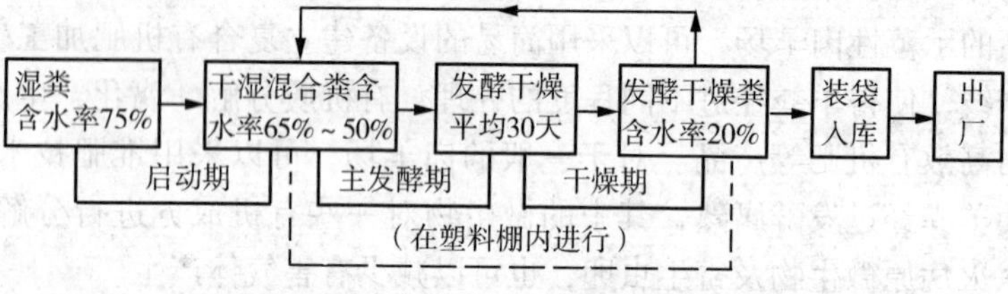

图5-4 塑料（玻璃钢）大棚发酵干燥工艺流程

（引自：陈银廷等，《畜牧市场》，2005）

其他羊粪有机肥还有复合颗料肥料或液体圈肥。液体圈肥的制作是将生的粪尿混合物置于储留罐内经过搅拌曝气，通过微生物的分解作用，变成为腐熟的液体肥料。这种液体肥料对作物是安全的，在配备有机械喷灌设备的地区，液体粪肥较为适应。

（三）沼气综合利用

羊场配套建设沼气池，有利于防治环境污染，对无公害养殖来说，有重要的应用价值，值得推广与实施。沼气池按储气方式分为水压式沼气池（图 5-5）、浮躁式沼气池和气袋式沼气池。在一般农户养羊场，大多数采用水压式沼气池。随着沼气事业的发展，近几年出现一些容积小，自然条件下产气率高，建造成本较低，进出料方便的小型沼气池。通过分离器或沉淀池，将固体肥与液体厩肥分离。前者作为有机肥还田，后者进入沼气厌氧发酵池，或者直接将羊场的粪尿送入沼气池进行厌氧发酵处理。通过沼气池厌氧发酵处理，不仅能净化环境，而且可以获得生物能源，解决养羊大户的燃料问题。同时，通过发酵后的沼渣含有丰富的氮、磷、钾等元素，是种植业的优质有机肥。沼液可用于养鱼或牧草地灌溉，将种植业和养殖业有机地结合起来，形成了多级利用，多层次增值（图 5-6）。

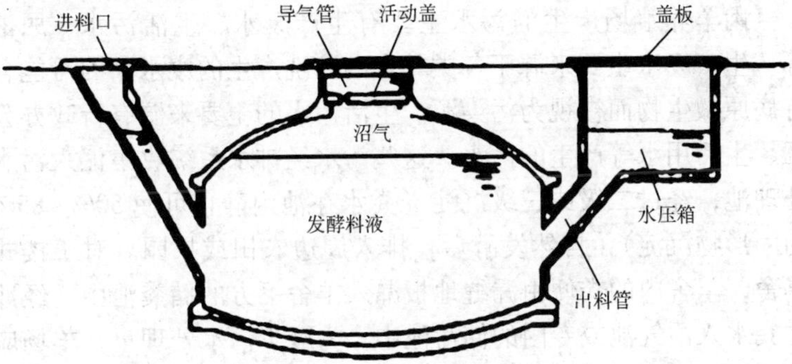

图 5-5　水压式沼气池

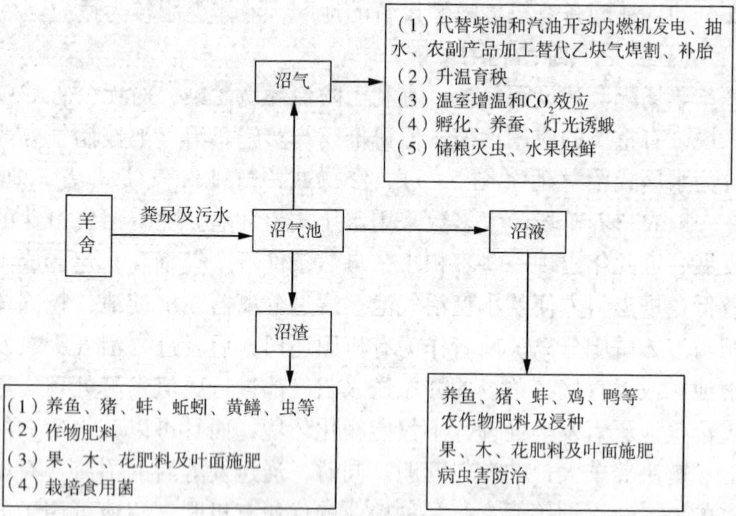

图 5-6　羊场粪尿厌氧发酵处理及沼气综合利用

（引自：崔中林，《乳业导刊》，2004）

二、污水的处理

肉羊养殖场产生的污水主要有生产废水、生活污水、尿液等。生产废水主要来源于各类羊舍的冲洗产生的废水，因可能含有病原微生物而被视为污染源。生活污水的主要来源有行政办公区、生活用水等产生的污水。这些污水经排水系统收集汇入污水处理池，经过二级或三级沉淀（粪水在池内静止可使50%~85%的固形物沉淀），自然发酵后，排入周边农田或果园。对于楼式羊舍，羊舍内的粪便由漏缝地板漏入羊舍下方的储粪池中，经冲洗粪水入沼气池或专门的储污池中。为减少污水处理量，羊场应采用干法清粪，实现粪尿等的干湿分离，减少生产用水浪费。运动场内的羊粪要做到每天清扫后送走，避免雨水冲刷后产生大量污水。通过在屋顶设置天沟，将雨水引入专用排水沟，直接用于灌溉，实现雨污分流。

三、废气处理

肉羊养殖场的废气主要为有害气体和恶臭物质，如 NH_3、H_2S、CO_2、CH_4、吲哚、粪臭素等，其来源于肉羊场圈舍内、外和粪堆、粪场周围的空间，由肉羊代谢排放和粪污中有机物经微生物分解产生。这些废气不仅直接或间接对工作人员和羊只造成健康影响，还会使肉羊的生产力降低，使羊场周围生态环境恶化。

生产管理中，应及时清粪，并保持粪便干燥，以减少其产生量。利用自然通风降低圈舍内有害气体浓度。对于贮粪场羊粪的处理，建立封闭式粪便处理设施是必要的，这样可以减少有害气体的产生和逸散。建有羊粪有机肥加工厂的羊场，应在羊粪发酵处理间的排气口处通过化学溶解法、电场净化法或等离子体分解法进行脱臭处理。

四、病死羊的处理

病羊和健康羊要分开喂养，派专人管理，对病羊所停留的场所、污染的环境和用具都要进行消毒。当局部草地被病羊的排泄物、分泌物或尸体污染后，可以选用含有效氯 2.5%的漂白粉溶液、40%的甲醛、10%的氢氧化钠等消毒液喷洒消毒。对于病死羊只应做深埋、焚化等无害化处理，防止病原微生物传播（图 5-7）。

图 5-7　病死羊焚烧炉

第六章　肉羊生态健康养殖疾病防控技术

第一节　肉羊的健康及其影响因素

一、肉羊的健康

肉羊的健康是指羊的生理功能正常，身体没有缺陷和疾病。在肉羊养殖过程中，由于饲养管理水平低下，疾病防疫不到位，兽药使用不合理，引起肉羊机体抗应激能力和抗病力降低，一些肉羊处于亚健康状态或疾病状态，使生产效率下降，养殖成本加大，严重影响羊肉的质量，对人类的健康造成一定危害。因此，必须规范和加强饲养管理，完善疾病预防制度，合理使用兽药，从而提高羊只免疫力，保证羊只健康，使肉羊养殖走上健康、高效、可持续发展之路，为消费者提供更多的优质安全的羊肉产品。

二、影响肉羊健康的因素

（一）内在因素

内在因素主要是指肉羊的遗传特性、种类、品种、年龄、性别和生理阶段。不同种类、年龄、性别的肉羊对疫病的易感性不同，有的品种肉羊具有明显的抗病能力。因此在进行肉羊养殖时应选择抗病力强的优良品种。

（二）环境因素

环境因素包括养殖场所处的区域、地形、地势、海拔高低、湖泊与河流分布情况、交通状况、污染情况以及动植物区系；养殖环境的温度、湿度、光照、降雨量等。环境因素可影响疫病流行，影响植被和动物区系，也直接或间接地影响到疫病传播媒介、寄生虫的分布及疫病的传播与流行。

（三）生物因素

生物性因素主要是指病原体，包括能引起羊发病死亡的各种病毒、细菌、寄生虫和支原体等。这些病原体有的存在于环境中，有的共生于健康羊体内，时刻威胁着羊的健康。因此，要采取相应的措施来减少或消灭这些生物性因素。

（四）饲养管理因素

饲养管理因素包括羊舍的建筑结构、设施、饲养密度、饲草料种类和性状、饮水卫生和羊场的清洁程度等，这些因素都影响着羊的健康状况及疾病的发生和流行。

（五）疫病防疫因素

疫病防疫因素是指一个羊场如果不进行疫病防疫或没有合理的疫病防疫制度，羊的高效、健康养殖是无法保证的。羊场应根据当地动物疫病的流行情况，并结合本场实际情况制定出完善合理的疫病防疫制度，并严格执行。同时，高质量的疫苗也是疫病防疫的关键因素之一。

第二节　肉羊疾病的防治

一、羊病的类型

根据发病原因的不同可将羊病分为细菌性传染病、病毒性传染病、寄生虫性传染病和普通病，普通病又包括内科病、外科病、产科病、营养代谢病和中毒性疾病。了解羊病的种类及特点，对于预防和诊治羊病具有重要意义。

二、羊病防治的基本原则

羊病防治的基本原则如下：

（1）坚持“预防为主，防大于治”的原则。现代化集约化模式养殖肉羊，疾病（特别是传染病）一旦发生，即使得到了有效的治疗，也会对生产造成不同程度的损失。因此，必须确立以疾病预防为主的观念，认识到预防作用要远远大于治疗。

（2）以《中华人民共和国动物防疫法》等法律为依据。

（3）采取综合性防治技术和方法来控制传染性疾病。综合性防治技术和方法主要根据传染源、传播途径、易感染羊只、传染病的特点和发病羊年龄等具体状况做出。

（4）定期进行流行病学的调查和检测。为制订合理防疫计划，必须定期对本场羊只进行流行病学的调查和检测。

三、羊病预防的主要措施

（一）强化饲养管理

建立合理的饲养管理体制并能严格执行是保证肉羊健康无病的前提。羊场应坚持自繁自养的原则，必须引进羊时，应从非疫区引进，并有动物检疫合格证明。种羊引进要严格执行《种畜禽管理条例》的规定，并按照《种畜禽调运检疫技术规范》进行检疫。羊在装卸和运输过程中不得接触其他偶蹄动物，运输车辆应做彻底清洗消毒，引入羊后至少隔离 30 天，在此期间经兽医检查确定健康后才能混群饲养。合理饲喂和放牧，确保按时饲喂。饲料质量高，营养全面，采食足量，饮水清洁，并给予合理补饲。提供合理的养殖环境，饲养密度适中，避免过冷、过热、通风不良、有害气体浓度过高、噪声等影响。良好的环境卫生和完善的消毒制度，粪便和污物的无害化处理。预防中毒，不喂霉败饲料，剔除青干野草中的有毒植物。正确调制处理饲料，妥善储藏及适当的搭配比例，防止储草、菜茎叶上残留的农药和误食灭鼠药而中毒。

（二）做好疫苗免疫工作

羊场应根据《中华人民共和国动物防疫法》及其配套法规的要求，结合当地实际情况，制定适合本场的免疫程序，并能严格实施，注意选择适宜的疫苗和免疫方法。

1. 免疫方法 羊的免疫方法有饮水免疫、混饲免疫、气雾免疫、滴鼻免疫、肌内注射、皮下注射、皮内注射和静脉注射等方法。每种疫苗有其最佳的接种途径，因此在接种疫苗时一定要按说明书的免疫方法进行接种。同时还要注意，接种器械在使用前后应彻底消毒，接种的用具、瓶、包装物及剩余的疫苗（特别是弱毒疫苗）集中做无害化处理，不得乱丢弃，防止污染环境。

2. 疫苗的选择 疫苗的选择在疫病预防中起着非常重要的作用，有些羊场图便宜，选择非正规厂家的便宜的疫苗或者买假疫苗，结果免疫后往往没有效果，甚至还会引起疫病的发生。因此，在选择疫苗时一定要重视，尽可能选择正规大厂家的疫苗或指定用疫苗，同时还要尽可能买新出厂的疫苗，过期疫苗坚决不能使用。

3. 羊病的免疫 一般疫苗的免疫是在春季（3 月）、秋季（9 月）进行。目前，在羊的主要传染病防制中，常用的疫苗和免疫血清如下。

（1）口蹄疫灭活疫苗：牛口蹄疫 O 型灭活疫苗，预防羊 O 型口蹄疫；口蹄疫 O 型疫苗、亚洲 Ⅰ 型二价灭活疫苗，预防羊 O 型和亚洲 Ⅰ 型口蹄疫；牛口蹄疫 O 型、A 型二价灭活疫苗，预防羊 O 型、A 型口蹄疫。

（2）第Ⅱ号炭疽芽孢苗：预防绵羊、山羊炭疽。

（3）布鲁杆菌猪型 2 号疫苗：预防山羊、绵羊布鲁杆菌病。

（4）布鲁杆菌羊型 5 号疫苗：预防羊布鲁杆菌病。

（5）破伤风明矾沉降类毒素：预防破伤风。

（6）破伤风抗毒素：供羊紧急预防或防治破伤风之用。

（7）羊快疫、猝狙、肠毒血症三联灭活疫苗：预防羊快疫、猝狙、肠毒血症。

（8）羔羊痢疾灭活疫苗：预防羔羊痢疾。

（9）羊黑疫、快疫混合灭活疫苗：预防羊黑疫和快疫。

（10）羔羊大肠杆菌病灭活疫苗：预防羔羊大肠杆菌病。

（11）羊厌气菌氢氧化铝甲醛五联灭活疫苗：预防羊快疫、羔羊痢疾、猝狙、肠毒血症和黑疫。

（12）肉毒梭菌（C型）灭活疫苗：预防羊肉毒梭菌中毒症。

（13）山羊传染性胸膜肺炎氢氧化铝灭活疫苗：预防由丝状支原体山羊亚种引起的山羊传染性胸膜肺炎。

（14）羊肺炎支原体氢氧化铝灭活疫苗：预防绵羊、山羊由绵羊肺炎支原体引起的传染性胸膜肺炎。

（15）羊痘鸡胚化弱毒疫苗和山羊痘弱毒疫苗：预防绵羊痘和山羊痘。

（16）兽用狂犬病ERA株弱毒细胞苗：预防家畜（羊、猪、牛、马）的狂犬病。

（17）伪狂犬病弱毒细胞苗：预防羊伪狂犬病。

（18）羊链球菌病活疫苗：预防绵羊、山羊败血性链球菌病。

（19）羊小反刍兽疫疫苗：预防羊小反刍兽疫病。

以上疫苗的具体免疫方法、免疫量和注意事项等请按疫苗使用说明书进行操作。

4. 免疫程序的制定 上面列出的疫苗羊场不需要全部免疫，每个羊场都应根据下列不同情况制定切合实际的程序。

（1）免疫基础：各个不同品种羊群间的免疫基础，即种羊群的免疫状况决定羔羊的母源抗体的水平，决定疫苗首次免疫的日龄。

（2）羊品种：各种不同用途品种间的差异，对于饲养周期较长的种用羊群，其免疫程序应综合考虑系统免疫各种疫苗的免疫接种时间，尽可能地在产仔前全部结束。

（3）当地疫病发生状况：本地区内发生疫病的种类、流行情况。常发病、多发病，而且有疫苗可预防的应重点安排。而本地从未发生过的疫病，即使有疫苗，也应慎重使用。

（4）羊场的饲养管理水平：管理制度严格，各种防疫措施有力，环境控制得较好的养羊场，各种病原入侵的机会相对减少，即属于相对安全区域；反之管理松散，防疫制度名存实亡，各种疫病常发，则属于多发病区域。这两种不同区域的免疫程序和疫苗种类的选择是根本不同的。

（5）选用疫苗的特点：不同厂家生产的疫苗免疫期及产生免疫力的时间是各不相同的。一般情况下应首先选用毒力弱的疫苗作基础免疫，然后再用毒力稍强的疫苗进行加强免疫。

（6）免疫检测：为使免疫更合理、更科学化，并通过实际的免疫效果检验免疫程序，应考虑建立免疫监测制度，根据免疫监测结果及时修正免疫程序，使羊体免疫更科学、更合理。

以下为羊场羔羊及成年羊免疫程序，供参考，见表6-1。

表6-1 羔羊及成羊免疫程序

阶段	疫苗	接种时间	接种方法	备注
羔羊	破伤风抗毒素	产后24小时内	肌内注射	
	三联四防苗	产后15~20天	肌内注射	首免2周后进行2免，断奶后再免1次
	口蹄疫灭活疫苗	3月龄断奶后	肌内注射	首免2周后进行2免
	羊痘疫苗		尾根部皮内注射	

续表

阶段	疫苗	接种时间	接种方法	备注
成羊	破伤风抗毒素	产羔后24小时内	肌内注射	
	羊传染性胸膜肺炎疫苗	每年3~4月或8~9月	皮下或肌内注射	
	三联四防苗	春、秋各进行1次	肌内注射	
		母羊怀孕后期30~45天		
	口蹄疫疫苗	春、秋各进行1次	肌内注射	初次免疫羊只首免后28天进行2免
	羊痘疫苗	每年3~4月	尾根部皮内注射	

（三）做好日常消毒工作

在肉羊养殖中，消毒是防病治病的关键措施之一，特别是在疫病发生后的定期消毒。科学合理的消毒可预防和控制疾病的发生、传播和流行，防止人畜共患传染病对其他动物和人类的传染和危害。

（四）搞好环境卫生

为净化羊舍环境，减少病原微生物滋生和传播的机会，对羊场的圈舍、活动场地及用具等，要经常保持清洁和干燥；粪便及污物要做到及时清除，进行无害化处理；防止饲草、饲料发霉变质，尽量保持新鲜、清洁、干燥；保证饮水的卫生，注意消灭蚊蝇，防止鼠害等。

（五）完善检疫制度

从羊的生产到出售，要经过出入场、收购、运输和屠宰的严格检疫，涉及外贸的还要进行出口检疫。只有经过当地兽医检疫部门检疫，并签发检疫合格证后，才能从非疫区购入羊；运到后，检疫并隔离观察1个月以上，确定为健康，再经驱虫消毒和补注疫苗后才能与原羊群混合饲养。羊场采用的饲料和用具，也要从安全地区购入。

（六）控制和消灭传播媒介

1. 羊场其他动物的管理　羊场要严防通过其他动物给羊传播疫病。羊场的所有工作人员不许私自养猫、养犬。因猫和犬是一些疾病的中间宿主，也是一种传染源。有些传染病及寄生虫病是通过它们传染给人和羊的。如果确实需要养犬时，要将犬养在远离羊舍的固定地方，羊与犬的排泄物不能接触，并及时清理分开。

2. 灭鼠、灭蚊蝇　鼠类是多种人兽共患病的传染源和传播媒介，如炭疽、布鲁杆菌病、李氏杆菌病、伪狂犬病、口蹄疫、鼠疫和某些寄生虫等都可经其传播，专人定期灭鼠是羊场管理的重要措施之一。虻、蝇、蚊、蜱等节肢动物都是动物疫病的重要传播媒介，有些还可寄生于羊的体表，应对其杀灭，主要措施是消除水坑、粪便等蚊蝇滋生地，定期喷洒消毒药物。

3. 人员管理　进入羊场的工作人员都必须从消毒池经过，更换工作服、工作帽和工作鞋经紫外线消毒 20~30 分钟后才能入场工作。外来人员不准进场，若必须进场，需经消毒后在有关人员陪同下参观。

4. 车辆管理　进出羊场生产区的所有车辆，必须经过设在羊场大门口处的消毒池。

（七）药物预防

1. 微生态制剂　是指活菌制剂（乳酸杆菌和双歧杆菌活菌制剂），又称益生素菌、益生素、生菌剂、活菌制剂等。因其无毒副作用，有明显的防病作用，多作饲料添加剂使用。目前，世界各国对微生态制剂的使用呈逐渐上升趋势。

2. 中草药制剂　很多中草药或其提取物具有抗菌消炎、清热解毒、驱虫、提高机体抗病力和促进动物生长的功能，而且价格低廉、毒副作用小、无残留且作用广泛，非常适用于羊病的预防。如黄芪、刺五加等具有诱生干扰素的作用，从中药中提取黄芪多糖、枸杞子多糖、刺五加多糖等均有增强机体免疫力的作用。

3. 合理使用兽药 目前，兽药使用存在很多不合理之处：如抗生素的滥用，不但达不到防病治病的作用，反而会引起机体损伤，引起免疫力下降。抗生素在羊肉中残留也影响羊肉的品质，对肉羊的健康高效养殖起了负面作用。因此，临床兽医和饲养者应严格遵守《兽药管理条例》中有关规定，在肉羊的无公害养殖、绿色养殖和有机养殖中，使用兽药应分别按《畜牧生态健康养殖技术规范》《无公害食品　畜禽饲养兽药使用准则》《绿色食品兽药使用准则》《有机产品第一部分：生产》中的规定执行。

（八）定期驱虫

兽医人员必须严格执行驱虫操作规程，按说明书严控药物剂量，做好人、羊的安全防护工作。在组织大规模驱虫工作前，应先进行小群试验，确认安全后才能大群驱虫。

1. 体内驱虫 通常每年进行 2 次综合驱虫，第一次春季驱虫应在成虫期前进行，第二次冬季驱虫应在感染后期实施。在寄生虫严重的地区可适当增加驱虫次数。如针对羊的吸虫、绦虫驱虫，则在春、夏、秋三季各驱虫 1 次；线虫每年春、秋 2 次或四季驱虫。在同一地区应经常更换驱虫药或联合用药，以减少耐药虫体的出现。驱虫方法：驱虫羊应在清晨投药前空腹。驱虫后对羊群加强护理和观察，及时抢救、治疗中毒羊只。投驱虫药后，应在固定区域排虫至少 3 天，把粪便集中焚烧或深埋，场地用火焰消毒处理。

2. 体表驱虫 对羊的螨、蜱、虱、蝇、蚤等体表寄生虫病的预防驱虫通常每年进行 2 次药浴，第一次在春季剪毛后 7～10 天进行，第二次在深秋进行。药浴时应选择晴朗无大风天气的上午进行。药液要现用现配，充分溶解，搅拌均匀，水温在 25～30℃。药浴羊应提前饮足水，浸浴时间必须达 1～2 分钟，让羊的头部露出水面，在药浴过程中要按压羊头入药液 3 次。注意及时补充药液，保持药液有效浓度。随时捞出药浴槽内粪便等污物，保持药液清洁。药浴后，羊在滴流台上停留几分钟，再赶入棚舍或庇荫处，待羊全身干燥后再喂饲。为提高效果，可隔 7~8 天再药浴 1 次。

3. 常用抗寄生虫药 0.5%双甲脒溶液、伊维菌素片剂和注射液、阿维菌素片剂和注射液、克洛汕特片剂和注射液、螨净溶液、硫双二氯酚片剂、芬苯达唑片剂、丙硫苯咪唑片剂、盐酸左旋咪唑片剂和注射液、奥芬达唑片剂、赛福丁溶液、溴氰菊酯（敌杀死）溶液、倍硫磷溶液、氢溴酸槟榔碱粉剂、吡喹酮片剂、盐酸噻咪唑片剂和注射液和氯硝柳胺片剂等。驱虫药的具体使用方法和注意事项要严格遵照其说明书。表 6-2 所示为羊场的一般驱虫程序。

表 6-2　羊场驱虫程序

疾病种类	驱虫药物	驱虫时间	用法	剂量（每千克体重）	休药期（天）	备注
线虫病、羊鼻蝇蛆、羊体表寄生虫病	阿维菌素	每年 2 次	内服或皮下注射	0.2~0.3 毫克	21	
	伊维菌素	2~3 月	内服或皮下注射	0.2~0.3 毫克	21	
吸虫病、绦虫病、包虫病	吡喹酮	9~10 月	内服	10~35 毫克	1	成年羊
				6 毫克		羔羊
	三氯苯唑		内服	5~10 毫克	28	
	丙硫咪唑		内服	10~15 毫克	7	
球虫病	盐酸氨丙啉		拌料	25 毫克	1	混入饲料中，连用 14 天

注：伊维菌素与阿维菌素任选一种驱除线虫和节肢动物；吡喹酮、三氯苯唑和丙硫咪唑任选一种驱除绦虫、包虫及吸虫。

（九）发病后的措施

1. 隔离 是指把患病羊和可能患病羊分别放在一个有利于防疫和管理的单独环境中进行饲养和防治，减少疾病扩散。隔离是疾病防治的关键之一。

（1）发病羊群：是指隔离场所应选在羊场下风口、远离健康动物、消毒方便和病原体不易扩散的偏僻圈舍，及时治疗和饲喂，派专人负责看管，禁止闲杂人员和动物接近；内部环境和用具要经常消毒；粪便和污物不经过妥善处理不得运出隔离地。

（2）疑似感染羊群：是指与发病羊处于同一个圈舍内，与发病羊充分接触或与发病羊的污染物接触过的羊，应另选隔离场地饲养，由专人看护，发现发病羊立即隔离，同时进行紧急疫苗免疫或预防投药。

（3）可能健康羊群：是指同一羊场中其他圈舍的羊群。这些羊应加强防疫消毒和相应的保护，根据诊断结果进行药物预防或紧急免疫接种，并加强饲养管理。

2. 严格消毒 是指对发病羊场的圈舍、牧场、用具以及接触过的场地和物品加强消毒，发病羊的隔离舍可每天多次消毒，对发病羊舍和病羊停留过的地方应铲去表层土，再用火烧，小面积的可用2%~4%氢氧化钠溶液消毒。

3. 快速准确诊断 羊群中一旦有羊发病，应当尽快请兽医赶赴现场进行全面检查，可通过临床症状和病理剖检病变或实验室检查进行快速的诊断，以便正确治疗。

4. 合理治疗 当病羊无法治愈或治疗费用超过自身价值时，或当病羊对周围的人、畜有严重传染威胁时，应在严密消毒的情况下将病羊淘汰，并做无害化处理。疫病的治疗一定要在严密封锁和隔离的条件下进行，按及早治疗的原则。主要采取对因治疗，消除致病作用，又要帮助动物机体增强一般抵抗力，调整和恢复生理功能，采取综合性的治疗措施。在治疗的同时还要加强护理。注意隔离舍的防寒保暖，避暑降温；隔离舍应光线充足，通风良好，环境应保持清洁和安静，并经常进行消毒，严禁闲杂人员入内。饮水应新鲜、清洁、干净，少量多次添加新鲜易消化的高质量饲料。必要时可注射葡萄糖、维生素或其他营养性物质以维持生命。

（十）发生疫病时的扑灭措施

疫病是指由细菌、病毒和寄生虫等微生物引起人和动物可传染性的疾病的统称。

1. 疫病分类　根据动物疫病对养殖业生产和人体健康的危害程度，分为下列三类。

（1）一类疫病：是指对人与动物危害严重，需要采取紧急、严厉的预防、控制、扑灭等强制措施的动物疫病。

（2）二类疫病：是指可能造成重大经济损失，需要采取严格控制、扑灭等措施，防止扩散的动物疫病。

（3）三类疫病：是指常见多发、可能造成重大经济损失，需要控制和净化的动物疫病。

2. 疫情报告　从事动物疫情监测、检验检疫、疫病研究与诊疗以及动物饲养、屠宰、经营、隔离、运输等活动的单位和个人，发现动物染疫或者疑似染疫的，应当立即向当地的兽医主管部门、动物卫生监督机构或者动物疫病预防控制机构报告动物疫情。动物疫情由县级以上人民政府兽医主管部门认定；其中重大动物疫情由省、自治区、直辖市人民政府兽医主管部门认定。

3. 疫情处置

（1）一类动物疫病的处置：①划定疫点、疫区和受威胁区：常由县级以上地方人民政府兽医主管部门划定。②发布封锁令：由当地县级以上人民政府实行封锁。③控制、扑灭措施：由县级以上地方人民政府应当立即组织有关部门和单位采取措施。④封锁措施：在封锁期间，禁止染疫、疑似染疫和易感染的动物、动物产品流出疫区，禁止非疫区的易感染动物进入疫区。

（2）二类动物疫病处置：①划定疫点、疫区和受威胁区：当地县级以上人民政府兽医主管部门应当划定。②控制措施和扑灭措施：由县级以上人民政府采取隔离、扑杀、销毁、消毒措施。③封锁令的解除：由原决定机关决定，并宣布。

（3）二类、三类疫病呈暴发性流行时处理：二、三类动物疫病呈暴发性流行时，按照一类动物疫病处理。

第三节　肉羊疾病的检查与诊治

一、羊病检查

（一）羊病的一般观察

羊的合群性较强，对疾病的忍受能力也强。羊患病初期症状一般都不明显，一旦症状明显，则表明病情已经较为严重，处理不当可能导致死亡。所以饲养员要每天细心观察羊群，做到有病早发现、早治疗，避免造成更大损失。

1. 放牧观察　健康羊放牧时总是争先恐后地吃草，而且吃得也快。病羊则行动迟缓，有时呆立，不肯吃草，病情严重的时走时卧，常常掉队。

2. 休息观察　健康羊休息时先用前蹄刨土，然后屈膝而卧，多为右侧着地斜卧，蹄子一般伸在体外，若听到异常响动，立即耳竖眼巡，有生人走近则急忙躲避，难以捕捉，呼吸、反刍等正常。病羊往往慌张而卧，不刨土，流鼻涕，呼吸急促，精神萎靡不振，生人走近时不知躲避或行动迟缓，有时反刍间断或不反刍。

3. 头部观察　健康羊耳朵灵敏、眼睛有神，对外界反应敏锐，常寻找异声源。病羊则反应迟钝，不愿抬头，有的流泪，有眼屎、鼻涕，口角流涎，口臭，脸肿，病情严重时有头部肿大现象。

4. 皮毛观察　健康羊被毛紧实而有光泽，皮肤弹性好，毛根有油脂；病羊一般被毛蓬乱，无光泽，有的还有脱毛现象，皮肤苍白干燥，弹性差。

5. 粪便观察　健康羊的粪便呈球状，互不粘连或粘连少，尾根干净；病羊的粪便呈稀糊状，偶尔有黏液或脓血，尾巴结有粪块，后腿也较脏。

（二）病羊的检查

通过观察发现不正常的羊后，要及时做进一步的检查，以便准确判断病情。

1. 体格与发育状态　健康羊发育良好，结构匀称，肌肉结实，体格健壮。若出现发育不良的现象，如体躯矮小、发育程度与年龄不相称、发育迟缓或停滞，多为长期营养不良、矿物质、维生素代谢障碍或慢性消耗性疾病（如慢性传染病、寄生虫病或长期消化紊乱等）所致。

2. 精神状态　过度兴奋是中枢神经功能亢进的结果，即使轻微的刺激也能使病羊惊恐和骚动不安，前冲后撞，乱跳乱叫，多见于脑及脑膜的充血和炎症、日射病、热射病、某些急性中毒症。精神抑郁表现为头低耳耷，反应淡漠，离群呆立，喜卧而不愿动，多见于一切热性病及慢性消耗性疾病。

3. 姿势与体态　健康羊的立卧和运动有其自然的固有姿势，而病羊则常出现站立不稳或不能站立、转圈、盲目行走等反常姿势。如病羊盲目徘徊，定向转圈，行走不顾障碍或碰物不知后退而呆立，多是脑病的表现，见于脑及脑膜炎、脑积水；羔羊呈现四肢弯曲、腰背弓起或凹陷，则为佝偻病的特征表现。

4. 特殊行为　羊啃食异物或墙壁，多是体内矿物质缺乏的特征表现；采食青绿豆科牧草后腹部急剧膨胀，可确诊瘤胃臌气；蹭墙者表明身上有体表寄生虫寄生。

5. 表皮状态检查 被毛检查包括被毛情况、皮肤色泽、温湿度及其他外在病变。

（1）被毛粗乱蓬松而无光泽，脆弱而易脱落，一般是由饲料不好、营养不良、管理粗放和寄生虫病、慢性传染病及某些代谢病所致。患有疥螨和湿疹的羊，患部被毛可成片脱落，伴有痒感和擦伤，皮肤也变厚变硬。

（2）皮肤发绀（蓝紫色），见于严重的呼吸器官疾病和心力衰竭、各种中毒症等，轻者耳尖、鼻端、四肢末梢发绀，重者全身发青。

（3）皮肤的温度可用手或手背在耳根、胸侧感觉。全身温度增高见于热性病，局部皮温升高多为局部炎症。发生高热性疾病，如日射病、热射病、剧烈疼痛性疾病和心脏病时，可见多汗，但鼻镜干燥甚至龟裂则多为急性热性病。若患羊在皮温降低、肢端冰冷的同时却冷汗淋漓，则多为内脏破裂、严重的心力衰竭、中毒等濒死期的表现。

（4）羊唇周围、蹄部有丘疹、水疱、脓疱样病变，口腔起丘疹，口角流涎，多为口疮、痘和口蹄疫。

6. 眼结膜检查 健康羊的眼结膜为淡红色，当运动、兴奋、气温高时颜色加深。出现结膜苍白，多为贫血和体内寄生虫病；结膜潮红多为急性热性病初期、急性脑炎等；结膜发红且伴有流泪，多为角膜、结膜炎；结膜发绀，则为各型肺炎、胸膜炎、心脏病、胃肠臌气、某些中毒症等；结膜发黄则多为溶血性疾病、肝炎。

7. 体温检查 羊的体温用兽用体温计插在肛门内测定，并须在羊安静时进行。羊体温正常值为38.5～40℃，受年龄、性别、气温、运动、昼夜等因素的影响而变化。体温过低，多为死亡前的征兆，如大出血、某些饲料中毒等；体温高，一般是有局部或全身炎症，如胃肠炎，支气管炎，流感，胸膜炎等，发生日射病或热射病时体温可以达到43℃。

二、传染病

传染病是指存在于病羊身上的病毒、细菌等微生物，通过消化道、呼吸道、皮肤创口、吸血昆虫叮咬及配种等途径，传染给健康羊，引起与病羊相同的临床症状。病程短、病情剧烈的为急性传染病，如炭疽等；反之为慢性传染病，如结核病等。与其他疾病相比，传染病来势凶猛、传播速度快、发病率及死亡率高，因此，应密切注意和有效预防，发病后做好隔离和治疗或扑杀。

（一）炭疽病

炭疽病是由炭疽杆菌所引起的急性、热性、败血性、烈性传染病，且为人畜共患传染病。其特征为脾脏肿大，淋巴结轻度肿胀，皮下和浆膜下出血性胶样浸润，血液凝固不良，煤焦油样，死后尸僵不全，尸体极易腐败。

1. 病原　炭疽杆菌为革兰氏阳性大肠杆菌，在体内为单个、成双或3~5个菌体相连成短链，两端平截，相连处似竹节状。体内的菌体抵抗力很差，炎热条件下，尸体中的菌体2~3天死亡，太阳直射时7~15小时死亡，55℃下经10~15分钟死亡，煮沸2~5分钟死亡。一般的消毒药和青霉素都可轻易将它杀死。但是，炭疽杆菌在空气中可形成芽孢，芽孢的抵抗力极强，能在土壤中存活30多年，煮沸2小时才能将其杀死，普通消毒药也不能短时间杀死。

2. 病因　本病主要通过消化道传染，病羊是主要传染源。患有炭疽病的羊排出的粪便、血液，其中的炭疽杆菌接触空气形成芽孢，健康羊吃了被污染的草料或饮水就会发病，经皮肤创伤、蚊虻叮咬、呼吸道等途径也可感染。炭疽病多发于雨量较多的夏季，其他季节比较少。

3. 症状 本病潜伏期短，多为急性发作，来势凶猛，病羊像中暑一样突然倒地，呼吸困难，全身战栗，黏膜呈紫色，瞳孔散大，口、鼻、肛门等天然孔流出黑红色血液且不凝固，几分钟内即可死亡，且尸僵不全。也有的病羊开始兴奋不安，行走摇摆，心悸亢进，脉搏增速，呼吸急促，可视黏膜发绀，最后卧地不起，数小时内昏迷死亡。

4. 处理 一旦发生此病，应立即隔离病羊，划区封锁，焚烧粪便和垫草。病羊接触过的圈舍、用具、车辆等用20%漂白粉或10%热氢氧化钠溶液消毒，羊场其他地方也应消毒。病羊和死羊严禁解剖，更不准剥皮吃肉，尸体要与被污染的地面土一起深埋，也可以堆积起来用柴火进行焚烧。在最后一只病羊死亡或痊愈后14天方可解除封锁。羊群中的其他羊普遍进行体温检查，对体温升高的可疑羊先注射抗炭疽血清，14~21天后注射疫苗，其他羊注射疫苗或共同接种，即一侧颈部皮下注射血清，另一侧注射疫苗。预防本病需每年定期注射Ⅱ号炭疽芽孢苗。

5. 预防方法

（1）血清疗法：患病早期，于颈部皮下注射抗炭疽血清30~60毫升，12小时后体温仍不降者，再重复注射1次。若体表有炭疽痈时，可在肿胀部位分点注射。为避免过敏反应，最好用同种动物的抗炭疽血清，否则应先皮下注射0.5~1毫升，30分钟后无特殊反应者再注射全量。另外，注意在注射前应将血清加温到与体温相近。疑为炭疽病的羊一般情况下严禁剖检。

（2）抗生素疗法：青霉素按每千克体重4 000~8 000单位，肌内注射，每天2次，连用2~3天。土霉素也可用于治疗。亦可用链霉素、速灭杀星、普杀平等药物治疗，采用预防性给药的办法，除去病羊后，全群用药3天，有一定的效果。

（3）磺胺疗法：以磺胺嘧啶为最好，初次剂量为每千克体重0.2克，以后减半，每日1~2次，连用3~5天。

（二）布鲁杆菌病

本病是一种人畜共患慢性传染病，主要侵害生殖系统，以母羊发生流产和公羊发生睾丸炎为特征。病原为布鲁杆菌，是一种很小的球状杆菌，属革兰氏阴性菌。布鲁杆菌对热非常敏感，70℃中 10 分钟即可死亡，在腐败病料中迅速失去活力。一般常用的消毒药能将其很快杀死。布鲁杆菌除可随乳汁、精液、脓汁等排出体外，主要是在流产后随胎儿、胎衣、羊水、子宫和阴道分泌物等排出体外，通过交配、消化道、皮肤伤口、呼吸道等途径传染给健康羊。

1. 症状　本病为慢性接触性传染病，不表现全身症状，通常从外表很难看出。怀孕母羊发生流产是这种病的主要症状，大群感染时流产率可达 40%~70%。母羊流产前精神萎靡，食欲减退，体温增高，喜饮水，阴户流出黄色黏液，不久即流产。胎儿多为死胎，弱胎者也往往很快死亡。流产的母羊常发生乳房炎。公羊常发生睾丸炎，性功能降低。

2. 预防方法　定期注射疫苗。在布鲁杆菌病的常发地区定期对羊进行预防注射。对 9~12 月龄公羊或在配种季节前用布鲁杆菌猪型 2 号弱毒菌苗给公羊接种；肌内注射空怀母羊，或用冻干布鲁杆菌羊 5 号弱毒菌苗接种，皮下注射或口服。

3. 处理　一旦发现病羊应立即隔离，对流产胎儿、胎衣、羊水及阴户分泌物等消毒和处理，被污染的羊舍、运动场、用具等用 5%来苏儿或 10%~20%石灰水或 2%氢氧化钠彻底消毒。病羊数量不多且价值不高者，可屠宰淘汰，肉煮熟后可以利用；病羊数量多又有价值者，可隔离后予以治疗。

目前尚无特效药物治疗，可试用磺胺嘧啶钠静脉注射配合青霉素或链霉素等肌内注射。

（三）巴氏杆菌病

本病是由多杀性巴氏杆菌所引起的一种以败血症和炎性出血

过程为主要特征的传染病。当寒冷、闷热、潮湿、多雨、气候剧变、圈舍通风不良、营养缺乏、饲料突变时易发生内源性传染，以冬春季发病最多。病羊排泄物、分泌物经消化道、呼吸道、皮肤黏膜的伤口进行传播，本病多发生于幼龄羊和羔羊。

1. 症状 羔羊突然发病，高热稽留，全身震颤，倒地抽搐，经数分钟至数小时死亡。成年羊全身衰弱，伏卧，头颈前伸，体温41℃以上，呼吸困难，咳嗽，眼、鼻有脓性分泌物，颌下、头颈及胸下部水肿，剧烈腹泻，腹部缩起，1~3天死亡。

2. 预防方法 平时加强饲养管理，防止羊受冻、受热或过度劳累等；搞好环境消毒和预防工作。对已经发病的，应查明诱因，积极改善饲养环境。立即隔离病羊，圈舍、用具用10%石灰水或3%来苏儿或5%漂白粉消毒。

3. 治疗方法 青霉素、链霉素混合肌内注射，每天2次，连用3天；严重病例的，用磺胺嘧啶钠等配合5%~10%葡萄糖静脉注射，症状缓和后，改用其他药。

（四）口蹄疫

本病是发生于偶蹄动物的一种急性、热性、高度接触性传染病，特征为口腔黏膜、蹄部和乳房皮肤发生水疱。人有时也能感染该病。

1. 病原 为口蹄疫病毒，有多种毒型，各型又有若干亚型，且无交互免疫性。因此，注射一种疫苗有时达不到预期效果，该病毒耐冷不耐热。

病毒主要存在于病羊的水疱中，乳汁、尿液、口涎、脓疱和粪便中也有分布。病毒经消化道传染给健康羊，多发生于冬春寒冷季节。

2. 症状 病初羊食欲减退，精神不好，蹄部肿痛发热，体温上升。2~3天后口腔黏膜和蹄部的皮肤出现水疱和溃疡，亦可出现在母羊的乳房、乳头和鼻端。口腔疼痛、流涎，开口时有喷喷声。蹄部患病时，拐脚，蹄壳脱落或变形，病羊卧地不起。水疱破溃后露出暗红色糜烂面。心肌切面有灰白色或淡黄色斑点或条纹，称为“虎斑心”。死亡率为1%～3%，羔羊发病时死亡率要高一些。

3. 预防方法　每年定期进行预防注射。一旦发现病羊应立即隔离，场地用1%～2%氢氧化钠或30%热草木灰或1%～2%甲醛溶液进行彻底消毒。在最后一只病羊痊愈、死亡或急宰14天后，经全面彻底消毒后才能解除封锁。

4. 治疗　病轻者一般10天左右自愈，但为了促进早日康复，可进行对症治疗。口腔用清水、食盐或0.1%高锰酸钾洗净溃疡面，涂以1%～2%明矾液或碘甘油，也可用冰硼散（冰片15克、硼砂150克、芒硝150克研末）适量撒布或投入口腔；蹄部用3%来苏儿洗涤，涂擦龙胆紫液、碘甘油、青霉素软膏或木焦油凡士林（1∶1）等，并用绷带包扎，也可用生石灰与锅底灰各半，研末后加少量食盐撒于蹄部；乳房用肥皂水或2%～3%硼酸水清洗，涂以青霉素软膏。

（五）传染性胸膜肺炎

本病又称羊支原体性肺炎，俗称“烂肺病”，是一种极易蔓延的传染病，且死亡率高。以咳嗽、口鼻流出白色泡沫、呼吸困难为特征。主要发生在养羊集中、有引种史的羊群。常年均可发病，但以春秋气候剧烈变化时为多，各类羊均可发病，大规模发生时死亡率可高达40%～60%。病原呈革兰氏阴性反应，耐冷不耐热，病羊是主要传染源，且多为外地引种所导致。病原通过接触传染，如呼吸道飞沫、被污染的草料等。

1. 症状　病初羊体温升高至41～42℃，精神沉郁，食欲减退，反刍减少，不愿走动，咳嗽，流鼻涕。随后咳嗽严重，鼻涕增多、变稠，呼吸困难，腹部紧缩。肺部叩诊有浊音，触压有痛感，听诊有啰音和摩擦音。后期常因肺部严重感染而死亡，也有的转为慢性，病羊逐渐消瘦，被毛无光泽，经常咳嗽、流鼻涕。

2. 预防 重视预防接种，每年全群注射传染性胸膜肺炎疫苗；不从疫区引种；新引进的羊必须隔离观察至少1个月，驱虫防疫后方可混群。发现有病羊后，及时隔离治疗，场区进行紧急预防接种和环境消毒，病死的羊焚烧或深埋。气候剧变时注意调整饲养管理，消除疾病诱因。

3. 治疗 当病羊咳嗽严重、呼吸困难、体温下降时，一般已无治疗价值。因此要密切观察，及时发现发病初期和病情轻的羊，尽早治疗。由于病原为支原体，一般的青霉素、链霉素、磺胺类药物无确切疗效，可选用先锋霉素、环丙沙星、红霉素、泰乐菌素等进行治疗，轻者肌内注射，重者配合葡萄糖进行静脉注射。

（六）羊链球菌病

羊链球菌病又称羊败血性链球菌病，是由C群兽疫链球菌所致的绵羊急性热性传染病，常在冬春季发病。

1. 症状 体温41℃以上，精神不好，食欲减退或废绝，反刍停止；鼻腔流出脓液，口吐泡沫唾液，呼吸急促困难，咽喉部和颌下淋巴结肿大；母羊流产；眼睑和唇颊肿胀，病程1~3天。

2. 病变 剖检见各脏器广泛出血，淋巴结出血、肿大。

3. 治疗 早期用青霉素80万单位肌内注射，1天3次，连用2天；速灭星每千克体重注射0.2毫升，每日2次，连用2天，或复方新诺明片5~6克（小羊酌减），内服1~3次。

4. 预防 在常发地区，每年春、秋两季用羊链球菌氢氧化铝甲醛菌苗接种，绵羊、小羊一律皮下注射3毫升，3月龄以下羔羊在第一次注射后14~21天再注射1次。

（七）蓝舌病

本病是一种接触性传染病，以发热、口唇肿胀糜烂、鼻腔和胃肠黏膜的溃疡性炎症为特征。羊蓝舌病病毒属于呼肠孤病毒属，在宿主细胞浆内增殖，主要存在于病羊血液、组织液和各个脏器中。病毒主要由吸血昆虫传播，多发于蚊、虻大量活动的夏、秋季节。羊症状为体温升高，双唇及口腔黏膜水肿及充血，流涎流鼻涕，而后口腔黏膜呈青紫或蓝紫色，引发溃疡和坏死。蹄部有炎症出现，疼痛，跛行。病轻者病程 6~14 天，经 10~15 天可自愈。疫区每年定期注射疫苗进行预防，消灭蚊、虻等吸血昆虫。目前尚无特效药治疗，可对症加强护理，防止继发肺炎及胃肠炎。

（八）羔羊痢疾

本病是初生羔羊（7 日龄以内）的一种急性传染病，以剧烈腹泻和小肠溃疡为特征，引起羔羊大批死亡。不同地区的病原不同，其中最常见的是产气荚膜梭菌，另外还有大肠杆菌、肠球菌、沙门杆菌。该病主要危害 7 日龄以内的羔羊，其中又以 2~5 日龄的发病最多。外来品种及其杂交羊比土种羊易于患病，在产羔盛期发病最多。病羊及带菌母羊是重要的传染源，经消化道、脐带或伤口感染。孕羊营养差、羔羊体弱、脐带消毒不严、羊舍潮湿、气候寒冷都是发病的诱因。

1. 症状　病初羔羊精神差，头重背弓，不肯吃奶，腹壁紧缩，不久即发生腹泻，粪便呈粥样或水样，灰白色或淡黄色，伴有恶臭，后期大便有血，肛门失禁，卧地不起，严重消瘦，最后衰竭而死。

2. 预防　因本病的发病因素比较复杂，所以应采取综合防治措施。合理安排配种时间，避免寒冷季节产羔，否则应做好保温工作。加强孕羊的饲养管理，保证所产羔羊健壮，乳汁充足，产羔前后做好消毒工作，初生羔羊吃足初乳。

常发本病的地区，可在羔羊出生后 12 小时内，口服土霉素 0.15~0.2 克，每天 1 次，连用 3 天，有一定的预防效果。对病羔要做到早发现、及时隔离和治疗，污染物用 3%~5%来苏儿喷雾消毒。每年秋季给母羊用三联四防苗（快疫、猝狙、肠毒血症、羔痢）预防接种1次，产前2~3周再接种1次。

3. 治疗 药物治疗与细心护理相结合，应做到对症下药。一般发病较慢，排稀粪的病羔，有以下治疗方案：

（1）6%复方硫酸镁溶液（内含0.5%福尔马林液）30~60毫升灌服，6~8小时后再灌服1%高锰酸钾10~20毫升，必要时再用高锰酸钾2~3次。

（2）硫胺脒0.5克，鞣酸蛋白0.2克，次硝酸铋0.2克，小苏打0.2克，水调灌服，每天3次。

（3）土霉素0.2~0.3克，水调灌服，每天2次。

（4）大蒜捣烂取汁半匙，白酒半匙，醋半匙，混合灌服，每天2次，每次10~20毫升，见效后喂至康复。

对于腹痛不安、流涎不止的病羔，可皮下注射0.05%硫酸阿托品0.2~0.3毫升；对心脏衰弱的，可皮下注射25%安钠咖0.5~1毫升；对严重脱水者，可静脉注射5%葡萄糖生理盐水20~30毫升；对有兴奋症状的急性病羔可灌服镇定药；对严重昏迷者可用朱砂0.3克、冰片0.09克、全蝎0.2克，注水灌服急救。

（九）羊传染性脓疱（羊口疮）

羊口疮是羊传染性脓疱的一种主要表现类型，是一种由病毒所致的传染病，多发于羔羊，成年羊较为少见，以口唇等皮肤和黏膜形成丘疹、脓疮、溃疡和结成疣状厚痂为特征。本病几乎在所有养羊的地区都有发生。

1. 病原 口疮病毒属于痘病毒科的副痘病毒属，电镜下呈纺锤形，类似于单线缠绕的卵形线纱团。病毒对干燥的抵抗力极强，干燥的皮痂在野外可保持毒力数月，在室温下可存活15年之久。对热和碱较为敏感，60℃下30分钟或煮沸3分钟可杀灭病毒，10%的石灰水或2%的氢氧化钠溶液可使其丧失毒力。

2. 病因　自然情况下，本病以 4~7 月龄以前的羔羊发病最多，成年羊很少发病，一年四季均可发生。病毒通过直接或间接接触传播，感染途径主要是皮肤和黏膜的擦伤。羔羊出牙时牙龈发痒或矿物质缺乏时啃墙、饲草粗硬有刺或有泥沙，均会使口腔黏膜受损，此时接触病羊、带毒羊或病羊用过的厩舍、牧场，即可感染本病。羔羊发病最多，常群发性流行。本病在羊群中可连续危害多年。

3. 症状

（1）口腔外症状：病初在口角或上唇散发绿豆大至黄豆大的小红斑，逐渐形成丘疹或小结节，并发展为水疱或脓疱，破裂后溃面被黄色或棕色渗出物覆盖，结成黄色痂皮，以后痂皮逐渐加厚、干燥、色泽加深，形成褐色疣状硬痂。剥开痂垢可见桑葚样的粉红色肉芽组织。良性者 1~2 周内痂皮脱落而恢复正常。恶性者继续发生水疱、脓疱、痂垢，遍及全唇，痂垢不断增生，使整个嘴唇肿大外翻，采食和咀嚼困难，病程 2~3 周。

（2）口腔内症状：病初唇内面、齿龈、颊部、舌和软颚黏膜上发生灰白色水疱，很快变成脓疱，破裂后形成鲜红色烂斑，类似口腔溃疡。良性者烂斑逐渐愈合而康复。病情恶化者在溃疡面上形成菜花样肉芽组织，并不断增生，使嘴唇外翻，口中有恶臭带泡沫的涎流出，有的还导致下颌及面部肿胀，采食、咀嚼和吞咽困难，甚至不能吮奶，最终因营养缺乏、体力衰竭而死。

口腔内、外的病变可单独发生，也可同时发生。本病症状在初期并不明显，至中期口角有褐色块状疣痂出现，乃为本病之典型症状，可以确诊。口腔内的症状初期与口炎相似，至中期形成菜花样增生，有恶臭带泡沫的涎流出，即可确诊。

4. 预防方法

（1）疫苗接种：每年 3 月和 9 月，口腔黏膜内注射羊口疮弱毒细胞冻干苗 0.2 毫升。

（2）保护口腔黏膜：饲草和饲料尽量拣出芒刺，干净无泥沙，饲料或饮水中适量加盐，以减少羊啃土啃墙。

（3）病羊隔离治疗：病羊要根据病情进行适当隔离。

（4）环境消毒：用2%氢氧化钠溶液或10%石灰乳或20%草木灰水等彻底消毒用具和羊舍。

5. 治疗方法

（1）药物冲洗加涂擦（或直接涂擦）：可选用的冲洗药物有0.1%~0.2%高锰酸钾、5%硼酸、2%明矾、食醋等。涂擦药物有紫药水、碘甘油（1∶9）、碘酊、土霉素软膏、石炭酸软膏、四环素软膏、金霉素软膏、青霉素软膏等，每天处理2次。

（2）中草药：天青地白、五爪龙、雨点草、铁马鞭、黄瓜香或地葫芦的鲜全草各50克（1只羊量），洗净捣烂，新鲜淘米水浸泡，用浸泡液清洗病羊口腔及口唇周围，每天2次。

（3）土方治疗法：方法一：揭开疣痂，创面涂抹食盐，适于早期患羊。方法二：8份食醋、1份食用油、1份食盐，配成悬浊液涂擦。

本病是养羊业中最常见的疾病之一，只要做到勤观察、早发现、早用药，并不难治疗，尤其是口腔外病变，均可治愈。而口腔内的病变通常不易发现，只有在翻开嘴唇和掰开羊嘴时才可发现，等到了晚期，嘴唇、牙龈、舌等部位严重病变时，已很难治疗，加之前期营养不足，死亡率很高。实践发现，口腔外的病变多发于4月龄以下，而口腔内的病变多发于2月龄以下，因此要特别注意早期观察，群体小的隔几天逐只观察，群体大的在产羔旺期做好环境消毒，对嘴角有涎流出、精神和食欲不佳的羔羊要特别注意。此外，在治疗口腔外病变时，须看口腔里面有无病变，及早治疗。

（十）传染性角膜结膜炎

本病又名羊流行性眼炎，俗称红眼病，是一种高度接触性传染病。虽然不致死，但由于局部刺激和视觉扰乱，以及继发的失明，也会造成损失。引发本病的病原有嗜血杆菌、结膜炎立克次体、衣原体、支原体、奈氏球菌、李氏杆菌等多种微生物，可通过接触传染，蚊、蝇等昆虫传染，患羊分泌物（鼻涕、泪等）污染环境进行传染。该病往往是大群暴发，呈地方性流行，传播迅速，发病率高，无性别、年龄差别，但幼年动物发病较多。常发生于温度较高，蚊蝇较多的夏、秋季，一般是 5~10 月。

1. 临床特征　为眼结膜和角膜发生明显的炎症变化，伴有大量流泪，其后出现角膜混浊或呈乳白色。本病一旦发生，传播迅速，多呈地方性流行。起初个别羊发病，很快遍及全群。病初一侧眼感染，轻微角膜或结膜炎，患眼流泪、怕光，眼睑肿胀、疼痛，结膜潮红，眼分泌物增多，初为浆液性，后为脓性并粘在睫毛和眼角上。很快双眼感染，角膜充血，轻度湿浊。病轻者可在短期内自然康复，严重者导致角膜云翳、角膜白斑，眼球明显突出，最终失明，丧失生产价值。

2. 防治方法　加强饲养管理，发现病羊立即隔离，在发病季节注意做好预防和杀灭蚊、蝇工作，同时要注意早期及时治疗。可用 2%~3%硼酸水冲洗患部，拭干后再用 3%~5%弱蛋白银溶液滴入眼内，每天 2~3 次；青霉素或红霉素软膏点眼；病毒灵 5 毫升、乐百兽 2 毫升混合液滴眼，每天 3 次；滴青霉素溶液（每毫升含 5 000 单位）或 2%可的松软膏可加速治愈过程；对已出现白内障的羊，可向眼睛内滴入拨云散。

（十一）羊痘

1. 病原　本病是由羊痘病毒引起的一种急性、热性、接触性传染病，分绵羊痘和山羊痘两种。一年四季均可发生，以春季为多。

2. 症状　潜伏期 1 周左右，病程 2~3 周，初期体温升高至 41~42℃，精神不振，食欲减退，呼吸困难，眼睑肿胀并流泪。

继而从嘴唇开始出现病症，后鼻、脸、四肢内侧、乳房等毛短或无毛的部位呈现红斑，相继成为丘疹，高于皮肤表面。3~4天后变成水疱，中央凹陷呈脐状，随之变为脓疮。食欲差，孕羊易流产。如无感染，几日后脓疮变为褐色痂块。有的症状不典型，常发展到丘疹期而终止。继发全身感染者常因败血症而死亡。

3. 防治 发现病羊应及时隔离，并对污染的羊舍、用具等进行彻底消毒，病死的羊焚烧或深埋。对皮肤上的痘疮，可用龙胆紫药水或碘酒等处理，黏膜上的痘疹用0.1%~1%高锰酸钾、碘甘油等处理。如继发感染，可用抗生素药物进行抗感染治疗。也可用病毒灵等进行抗病毒治疗。对常发区及受威胁区羊群，应定期注射羊痘弱毒疫苗。加强饲养管理、提高群体抵抗力也是预防本病的有效途径。

（十二）破伤风

1. 病原 本病是由破伤风梭菌引起的一种急性、创伤性人畜共患传染病，细菌在伤口繁殖，产生大量的破伤风外毒素，使羊出现全身或部分肌肉发生痉挛性收缩，表现出强硬状态。

2. 症状 主要通过伤口感染。在伤口小而深，创内发生坏死或伤口被泥土、粪便、痂皮封盖，创内缺氧时，破伤风梭菌在创内大量繁殖，产生破伤风外毒素，刺激中枢神经系统而出现特征症状。常见于去势、外伤等处理不当而感染发病。病羊精神呆滞，起卧困难，四肢逐渐僵直，全身肌肉高度紧张，头颈伸直而僵硬，角弓反张，尾根挺直，牙关紧闭，流涎吐沫，反刍停止，最后倒地不起直至死亡。

3. 预防 防止羊发生外伤为主。一旦有外伤，或进行去势、断脐时，一定要及时清理伤口，严格消毒。

4. 治疗 从加强护理、伤口处理和药物治疗三方面同时着手进行治疗。

（1）病羊置于光线较暗、通风良好处，保持安静，减少刺激。

（2）尽快找到伤口，排除脓汁、异物、坏死组织及痂皮，用3%过氧化氢液或5%~10%碘酊消毒处理，并用抗生素在创面周围注射。

（3）可选用的药物有：抗破伤风血清、硫酸镁普鲁卡因等。

（十三）小反刍兽疫

小反刍兽疫又名小反刍兽伪牛瘟，是由小反刍兽疫病毒引起的一种急性病毒性传染病。山羊发病比较严重。本病主要通过直接和间接接触传染或呼吸道飞沫传染。

1. 病原 小反刍兽疫病毒属副黏病毒科麻疹病毒属。病毒呈多形性，通常为粗糙的球形。核衣壳为螺旋中空杆状并有特征性的亚单位，有囊膜。病羊的分泌物和排泄物均含有病毒。

2. 症状 小反刍兽疫潜伏期为4~5天，最长21天，山羊的唇部形成口疮样病变。急性型体温可上升至41℃，并持续3~5天。感染动物烦躁不安，被毛无光，口鼻干燥，食欲减退。流黏液浓性鼻漏，呼出恶臭气体。在发热的前4天，口腔黏膜充血，颊黏膜进行性广泛性损害，导致多涎，随后出现坏死性病灶，开始口腔黏膜出现小的粗糙的红色浅表坏死病灶，以后变成粉红色，感染部位包括下唇、下齿龈等处。严重病例可见坏死病灶波及齿龈、腭、颊部及其头、舌头等处。后期出现带血水样腹泻，严重脱水，消瘦，随之体温下降。出现咳嗽、呼吸异常。小反刍兽疫易感羊群发病率通常在60%以上。在严重暴发时，死亡率为100%，在轻度发生时，死亡率不超过50%。幼年动物发病严重，发病率和死亡率都很高。

3. 病理变化 患羊可见结膜炎、坏死性口炎等肉眼病变，严重病例可蔓延到硬腭及咽喉部。皱胃常出现病变，而瘤胃、网胃、瓣胃很少出现病变，病变部常出现有规则、有轮廓的糜烂，创面红色、出血。肠可见糜烂或出血，尤其在结肠直肠结合处呈特征性线状出血或斑马样条纹。淋巴结肿大，脾有坏死性病变。在鼻甲、喉、气管等处有出血斑。

4. 预防 本病应严禁从存在本病的国家或地区引进相关动物。在发生本病的地区，可根据小反刍兽疫病毒与牛瘟病毒抗原相关原理，用牛瘟组织培养苗进行免疫接种。

5. 处理 一旦发生本病，应按动物防疫法规定，采取紧急、强制性的控制和扑灭措施，扑杀患病和同群动物。疫区及受威胁区的动物进行紧急预防接种。我国目前使用的小反刍兽疫疫苗，一次免疫可保护 3 年，健康羊只、怀孕母羊、羔羊均可接种。

（十四）羊快疫、猝狙、肠毒血症

1. 病原 三种病均由梭状芽孢杆菌属引起，其中羊快疫由腐败梭菌引起，肠毒血症由 D 型产气荚膜梭菌引起，羊猝狙由 C 型魏氏梭菌引起，属于急性传染病，主要为消化道感染。

2. 症状

（1）羊快疫病程很急，发病突然，未见病状就突然死亡，故称快疫。少数慢性病例有鼓气、食欲差、磨牙、口吐血沫等表现。病死的羊剖检可见皮下胶样浸润，真胃和十二指肠黏膜肿胀、潮红，有出血性炎症，肝肿大呈土黄色。

（2）羊猝狙表现为急性中毒性症状，突然或数小时后死亡，与羊快疫并发，难以区别。

（3）肠毒血症又称软肾病，临床症状与羊快疫相似，发病后无症状突然死亡。稍慢的病例有腹泻、惊厥、痉挛等症状发生，最后昏迷死亡。剖检可见肾脏表面充血、略肿、质软如泥，因而本病也称软肾病。

3. 防治 常发本病的地区要定期注射三联四防苗（快疫、肠毒血症、猝狙、羔痢），同时加强饲养管理，提高抵抗力。因病程短，一般来不及对病羊进行救治。一旦发病，就应以保护未感染羊群为要务，紧急接种，场区消毒，病羊隔离，死羊焚烧或深埋。

三、寄生虫病

羊寄生虫病的病原种类很多，分布也很广，一般引起慢性、消耗性的疾病，影响羊的生长发育，降低产品质量，甚至造成大批死亡。春秋季节牧草缺乏、羊体瘦弱时危害更为严重。寄生在羊体表的寄生虫，称为外寄生虫，如虱、螨等；寄生在体内的称内寄生虫。

防治羊寄生虫病是一项复杂的工作，必须在正确诊断的基础上开展群防群治，着眼于控制与消灭传染源、切断传播途径和保护易感羊群三个基本环节，以消灭各个发育阶段的寄生虫为重点，采取综合防治措施，才能收到最好的效果。

防治寄生虫病的基本原则：一是消灭外界环境的寄生虫，防止感染羊群；二是消灭传播者，切断寄生虫的传播途径；三是及时治疗病羊，并做好隔离工作，防止感染周围健康羊；四是对健康羊进行预防。一般每年春、秋两季各驱虫1次。

具体防治措施如下：①放牧的羊群载畜量不应过大；②羔羊尽早断奶分群；③避开潮湿低洼的牧地；④除粪要勤，且粪便应集中堆积发酵；⑤定期驱虫，驱虫应在专门的场所（有隔离条件）进行，驱虫后隔离一段时间，使被驱出的病原物质排完，驱虫后的粪便应集中堆积发酵；⑥要有专门的产房，羔羊有专用牧场；⑦饲料饮水要清洁。

（一）肝片吸虫病

肝片吸虫寄生在羊的肝脏和胆管中，引起肝实质和胆管发炎或肝硬化，并伴发全身性中毒和继发消化、代谢机能紊乱。多发于潮湿、多水地区，夏、秋季节易感染。

1. 症状　急性症状为精神沉郁，食欲减弱甚至消失，体温升高，贫血，黄疸等。病羊衰弱疲倦易掉队，严重者3~5天死亡。常见的为慢性症状，主要表现为贫血，黏膜苍白，眼睑、下颌、胸下、腹下发生水肿，被毛蓬乱无光泽，食欲不佳。

2. 防治方法 不在潮湿低洼处放牧羊群，同时大面积消灭牧区内椎实螺；硫双二氯酚（别丁），每千克体重 50~100 毫克，和水灌服；硝氯酚，每千克体重 4 毫克，1 次灌服；丙硫咪唑，每千克体重 20 毫克，口服；阿维菌素或伊维菌素肌内注射。

（二）血吸虫病

血吸虫寄生在羊肠系膜静脉系统的小血管内，消耗营养，常发于多水地区。

1. 病原 在我国北方主要是东毕吸虫，在南方地区主要是日本分体吸虫。成虫在羊肠系膜的小静脉中产卵，虫卵通过肠黏膜，随粪排出。

2. 症状 急性病羊体温升高，严重贫血，甚至衰竭而死。常见的多为慢性病，表现为消化不良，发育迟缓，腹泻或便血，逐渐消瘦。

3. 预防措施 不在有螺地带放牧，或放牧地大面积灭螺；硝硫氰胺（7505），每千克体重 4 毫克，配成 2%的溶液，静脉注射；吡喹酮，每千克体重 20 毫克，灌服。

（三）绦虫病

本病病原主要是莫尼茨绦虫，它寄生于羊的小肠，中间宿主为地螨。轻者使羔羊发育不良，重者使羊死亡。

1. 症状 绦虫在羊体内生长发育快，大量吸收营养，成年羊轻微感染时无病症表现，若虫体增多，则虫体分泌的毒素刺激羊肠，造成消化不良、下痢、贫血、水肿、疝痛、消瘦，甚至死亡，有时还可引起肠道阻塞。羔羊感染后症状比较明显，病初表现消化障碍，以后精神不振，食欲差，逐渐消瘦，发育迟缓甚至停滞，被毛失去光泽，下痢，贫血。

2. 预防 主要是定期对羊群进行驱虫，粪便应堆积发酵。

遇潮湿天气，地螨活动频繁，此时避免在已污染的草地上放牧。治疗可选用以下驱虫药在清晨空腹灌服：①硫双二氯酚（别丁），每千克体重50~100毫克；②灭绦灵（氯硝柳胺），每千克体重70毫克；③丙硫咪唑，每千克体重5~10毫克。

（四）胃肠道线虫病

羊的胃肠道常寄生有不同种类和数量的线虫，属于毛圆科的血矛线虫属、奥斯特线虫属、毛圆线虫属、细颈线虫属、古柏线虫属，为马歇尔线虫病；钩口科的仰口属；毛线科的食道口线虫属。引起胃肠炎，消化障碍，使羊消瘦、贫血，严重者导致死亡。

1. 症状　病羊一般表现为慢性、消耗性疾病的症状，如贫血、消瘦、被毛粗乱无光泽等。虫体大量感染时可引起胃肠炎症，继发其他感染而死亡。

2. 防治方法　在定期驱虫、羊粪及时清扫并堆积发酵的基础上，用以下方案治疗：①硫化二苯胺（酚噻嗪），每千克体重1克，口服，总量不超过60克；②丙硫咪唑，每千克体重10毫克，口服；③1%硫酸铜溶液，口服，大羊100毫升，小羊75毫升，羔羊50毫升；④阿维菌素或伊维菌素肌内注射。

（五）肺线虫病

本病是由网尾科和原圆科的线虫寄生于羊的呼吸器官，引起气管、支气管炎及肺炎。

1. 症状　病羊精神萎靡，咳嗽强烈而频繁，夜间、清晨和运动后更为严重，有时能咳出白色虫体。并发肺炎时，体温升高，贫血，消瘦，腹下、胸部、下颌等处水肿。

2. 预防　主要是定期驱虫，及时清粪并堆积发酵，少在潮湿低洼地放牧。

3. 治疗　可选用以下药物：①氰乙酰胺，每千克体重17.5毫克，溶于温水中灌服，或每千克体重15毫克，配成10%溶液，皮下或肌内注射，每只羊的总剂量不超过 1 克；②磺苯咪唑，每千克体重 5~10 毫克，口服；③丙噻咪唑，每千克体重 20 毫克，口服。

（六）螨病

山羊的螨病主要是因螨寄生于羊的体表，引起剧烈发痒，影响羊的正常采食和休息。

1. 症状 疥螨多寄生于山羊的毛短处，如嘴唇、鼻子、眼睛周围、耳部、头顶、四肢及尾根，患部皮肤开始发红、发热，以后起小疙瘩，剧烈发痒，被毛失去光泽甚至脱落。病羊表现为不安，常咬患部或靠墙磨蹭，采食和休息受到影响。严重者逐渐消瘦，在冬、春季节容易导致死亡。

2. 防治 防治螨病的重要环节是既要消灭羊体上的螨，又要消灭环境中的螨。要定期进行圈舍消毒，羊群多晒太阳，发现病羊及时隔离治疗。治疗方法如下：①百草霜、食盐、桐油各 100 克调匀，涂擦患处；②辣椒、花椒各半，研末加适量米汤调成稀糊状，涂擦；③螨净，按 1 千克水加药 1 毫升配成溶液药浴，补充药液按 1 千克水加药 3. 3 毫升；④杀虫脒，配成0. 1%~0. 2%水溶液，局部涂擦或药浴；⑤溴氰菊酯，按 1 千克水加药 1 毫升，药浴，补充药液为 1 千克水加药 1. 6 毫升，现用现配。

（七）虱子

虱子寄生在羊的体表毛多处，吸吮羊血，并引起瘙痒，使羊经常靠墙摩擦。大量寄生者引起皮炎，出现消瘦乏力等症状，多发于冬春季节，防治方法基本同螨病。

第七章 生态健康养殖肉羊安全生产加工技术

第一节 屠宰肉羊质量安全控制

一、宰前处理

运输过程中，羊只会产生不良应激反应，但是如果采用宰前静养及禁食等措施，可有效缓解运输中羊只产生的应激反应，以及由于运输造成断料、断水而引起的能量不足等问题。

（一）宰前静养

宰前静养是指羊只在从饲养场运输至屠宰厂后，进行的供食、供水的休息过程。运输可能会造成羊只长时间的断食、断水，虽然羊只可以通过瘤胃中的食料来缓解暂时的缺水、缺料现象，但是缺少饲料和水会造成羊只应激反应和福利问题。如长途运输会造成羊只体重和胴体重下降，经过 15 小时的运输，羊只毛重会损失 5.5%~6%；经过 24 小时运输会损失 7%~8%；经过 24 小时、48 小时、72 小时的运输，胴体重分别损失 2.5%，3.8%、5.8%。尽管羊只运输后的静养是十分必要的，但应注意短期的静养不会缓解疲劳和应激，反而可能带来有害影响。这是由于羊只运输达到 12 小时才会产生进食愿望，但其在静养的前 2~3小时内进食和饮水的欲望并不强烈，从而导致静养时间小于 4 小时，造成更加严重的脱水及动物福利问题。即使经过了长期的缺水后，羊只一般不愿饮用不熟悉的水源，因此短期静养不会缓解羊只缺水问题。羊只在短途运输后至少需要 8 小时的静养，在长途运输后需要 24 小时的静养。羊只在静养时应当有充足的活动空间。绵羊一般所需空间面积为 0.9 平方米，应选择合适的圈舍，隔栏需用铁管、木头或水泥制作，平滑不应有尖角、金属丝断头之类的突出物。栏杆间距应可调，以防止羊只穿过或被卡住。栏杆的距离为 15 厘米，栏杆高度为 0.9 米。围栏内的地板要防滑，水泥地面要磨成水纹样式，或铺设网状物以增加摩擦力，同时便于清洗。

（二）宰前禁食

肉羊宰前禁食可以减少羊只屠宰时胃中的残留食物量，降低屠宰时肠胃破裂的发生率，避免肠胃破裂时食料和粪便对胴体造成污染，从而改善肉质；同时宰前禁食可以减少饲料消耗，在节约成本的同时提高动物福利。短暂的饥饿可以促进羊只糖原代谢，加速宰后肌肉成熟，提高肉质。羊只的应激可在禁食阶段逐渐消除，但是持续长时间禁食会消耗羊只体内的能量储备，使肝糖原含量下降，最终导致肉中肌糖原的大量损失，使肌肉宰后乳酸的量产生不足，导致 pH 值升高；进而使肌肉熟化所需的酶类活性不足，无法对肌肉蛋白质进行必要的分解，导致肉质过硬。考虑到禁食的益处和弊端，一般推荐羊只宰前禁食 12～24 小时。结合运输时间、运输条件及饲养场和屠宰厂生产现状，综合衡量宰前静养和禁食时间是十分必要的。若羊只经长途运输，卸载后则需提供饲料、饮水及充足的静养时间，以使其从应激中恢复过来，确保动物福利。若羊只在运输前已经进行了充足的喂食，且只经过短途运输（如 1 小时），那么可以直接进入禁食阶段。禁食期间需提供充足的饮水，直至宰前 3 小时。

（三）宰前致晕

为了提高动物福利，实行人道屠宰，要求羊只在被绑腿、吊起和放血前已致晕或处死，于是许多国家提倡宰前致晕。致晕一般指采用物理或化学方法使羊只在无痛苦或痛苦较低的状态下失去知觉（昏迷或死亡），并且保证在后续的屠宰流程中不再苏醒，使之充分放血直至大脑缺氧而死。羊只的致晕方式有机械致晕、电致晕和化学致晕（一般为气体致晕）。尽管致晕可以减轻羊只在屠宰时的疼痛感，但会诱导癫痫反应，发生甩头、蹬脚等现象，造成肌肉渗血点、皮下出血、断骨等胴体损伤。致晕方式既会对肉色、嫩度、系水力等造成影响，也会引起宰后的微生物差异。为了最低限度地减少致晕对羊只的伤害，致晕时需要固定装置以确保羊只稳定，可以设计一个适当的金属击晕箱，也可以采用人工固定。

1. 机械致晕　机械致晕是通过弩枪、火枪、铁锤等对羊只大脑进行物理性打击使其失去知觉的宰前致晕方法。弩枪击晕又分颅骨击穿和不击穿两种，击穿器具主要是通过射击出各种直径和长度枪栓，击穿颅骨进入大脑，通过对大脑的破坏、颅内压的改变及强烈的冲击使羊只立即昏迷。非击穿弩枪的枪栓顶端为扁圆的蘑菇形，通过对大脑外面的颅骨打击造成晕厥，该法常用于穆斯林屠宰动物。弩枪的大小及尺寸要设计合理，枪栓的直径可以根据不同的需要进行改变，从而使羊只可以在被击中时立即昏迷。火枪击晕原理与弩枪击穿击晕原理相同。火枪击晕使用的是各种类型的子弹，如空心子弹、塑料和钢合制子弹。对于羊只，小口径火枪便可使其立即昏迷。无角羊只的射击位置为头顶部中线位置，有角羊只的正确射击位置是在头的后部，朝向下巴角度的方向。机械致晕需要对操作人员进行良好的培训，在大型屠宰厂里建议两个操作员轮换防止由于操作员疲惫，造成击晕准确性下降，影响动物福利。

2. 电击晕　电击晕是通过电流使羊只产生足够长时间的休克状态，并让其在昏迷中充分放血直至脑缺氧死亡的击晕方式。

为了使羊只完全昏迷，在电击时需选择适当的电压、电流控制设备及保持足够长的电击持续时间，确保释放出足够的电流，能够提高放血率，改善羊肉品质。但是，羊只在击晕过程中可能会出现角弓反张、眼睛闭合、抽搐痉挛等现象，特别是电流过大，引起羊只大出血或组织严重劣变，因此要采用适当的电压、电流和击晕时间。联合国粮农组织推荐羊只电击晕的参数为：电流1~1.25安，电压75~125伏，最短持续时间3秒，最长持续时间10秒。电击晕时，一般使用两极低电压交流电。具体是将电夹置于羊只大脑两侧，使电流通过致使羊只昏迷；击晕前，剪掉击晕位置的毛或弄湿电极可以加强击晕效果。击晕后要及时取下电极，清洗维护，防止设备腐蚀。

3. CO_2 致晕　目前，CO_2 致晕在猪和家禽的宰前致晕应用较多，在羊只上的应用较少。个别屠宰厂采用90%的 CO_2 浓度，保持60~90秒用于羊只致晕。但是，目前由于 CO_2 致晕的设备投入较高，在发展中国家应用较少，并且动物福利也反对采用 CO_2 致晕，因此羊只的 CO_2 致晕并不常见。另外，由于宗教原因，一些国家的羊只宰前不采取击晕，宰杀时直接割断喉咙和主要血管，使其突然大量失血失去知觉而死。屠宰时要求用于切断喉咙的匕首要锋利，下刀时快速、麻利，确保大量血液迅速涌出。在我国，许多民族也要求羊只实行清真屠宰。许多权威人士认为，这种屠宰方式的羊只不可能会失去知觉，并且屠宰过程中会遭受到痛苦和不适，因此推荐使用击晕屠宰的方式。现在许多穆斯林领导已经接受了宰前击晕的方法，允许伊斯兰国家在羊只屠宰前使用电击晕方法。

二、屠宰检疫

（一）宰前检疫

1. 肉羊宰前检疫规范　宰前检疫是保证羊肉卫生和质量的

重要环节，通过宰前检疫可以及时发现病羊，做到病健分离、病健分宰，起到减少肉品污染、提高卫生质量、防止疫病传播的作用。在羊只收购前，卫检人员应深入收购站（点），向当地羊只检疫和防疫部门、兽医和饲养员等了解羊只的预防接种、兽医检疫、饲养管理以及有无疫情等情况，确定为非疫区时方可收购。收购站（点）应按照卫生要求和精简节约的原则，备有存放健康羊只和隔离病羊的圈舍，以及必要的饲养管理用具，使待屠宰羊只能得到妥善安置和合理的饲养管理。在兽医的指导下，对羊只收购检疫工作进行明确分工，从收购到运输至屠宰厂的整个过程，都要有专人负责。主要有以下五个环节：收购时检疫管理、运输前的兽医卫生监督、运输中的兽医卫生监督、到达屠宰厂时的兽医卫生监督及宰前检疫的组织。宰前检疫的组织可分为入场验收、住场查圈和送宰检验三个环节。

（1）入场验收：为了防止病羊误入宰前饲养管理场，羊只屠宰前要进行口蹄疫、绵羊痘、山羊痘、炭疽、布鲁菌病、肝片吸虫病、棘球蚴病等疫情的检查。羊只入场验收过程中，检验员要认真做好以下几项工作。

第一，验讫证件，了解疫情。当羊只运到屠宰厂，在卸载之前，羊只检验人员应先向押运人员索取羊只产地动物检疫部门签发的检疫证明书，查验入场羊只的《动物检疫合格证明》和佩戴的标识。同时，了解羊只产地有无疫情，并亲临车辆等，仔细查看羊群，核对羊只的种类和头数。如发现数目不符或有途病、途亡情况，必须查明原因，发现疫情或可疑疫情时，立即将该批羊群转入隔离圈，进行详细的临床检查和必要的实验室诊断，确诊后按规定妥善处理。

第二，视检羊只，病健分群。经过初步查验认为合格的羊只，准予卸载并赶入预检圈。此时，检验人员要认真逐头视检羊只。如发现异常，立即剔除隔离。赶入预检圈的羊只，要按产地、批次分圈静养，不可混养。要给予充足饮水，待静养2小时后，再进行详细的临床检查。经检查确认健康的羊只，赶入待宰圈；病羊或可疑病羊则移入隔离圈。

第三，个别诊断，按章处理。隔离出来的病羊或可疑病羊，经适当静养后施行仔细的临床检查，必要时辅以实验室检查，确认羊只情况后，决定是否送宰或是销毁处理。

(2) 住场查圈：入场验收合格的羊只，在宰前静养管理期间，检验人员应经常深入圈舍进行观察。

(3) 送宰检验：进入待宰圈的健康羊只，经过2天以上的饲养管理之后，即可送去屠宰。在送宰之前要进行详细的外观检查，以最大限度地避免病羊进入屠宰线，污染屠宰加工车间。

2. 宰前检疫的方法 羊只的宰前检验分为群体检查和个体检查。

(1) 群体检查：将同一地区、同批或同圈的羊只，作为一组进行圈内静态观察和动态观察，即群体检查。检验者需查疥癣、破伤风、口蹄疫、干酪性淋巴结炎和肺炎等疫情。

第一，静态观察。羊群在圈内静养时，对其进行静态观察，观察羊只的姿态。健康羊只常常在饱食后，合群卧地休息、反刍，呼吸平稳，而且无异常声音，其被毛整洁，口及肛门周围干净。人接近时健康的羊只立即站起走开。相反，病羊常独卧一隅，不见反刍现象，其鼻镜干燥，呼吸促迫，出现咳嗽、打喷嚏、磨牙、流泪症状，口及肛门周围污秽，精神萎靡不振，颤抖。人接近时病羊不起不走。对羊群静态观察时，应注意其有无被毛脱落、痘疹、痂皮等情况，发现异常羊只应进行标记。

第二，动态观察。羊群在卸车、驱赶及其他运动过程中，要对其进行动态观察。动态观察以观察羊只的步态为主，健羊精神活泼，走路平稳，合群、不掉队。病羊精神沉郁或兴奋不安，步态不稳，行走摇摆、跛行，前肢跪地，后肢麻痹，常出现离群掉队等情况。另外，还要观察羊只采食、饮水状态，并注意其有无少食、停食、少饮和吞咽困难的现象，发现异常羊只应对其进行标记。

（2）个体检查：将群体检验中被剔出的可疑病羊和病羊进行详细临床检查。

（二）宰前检疫后的处理

羊只宰前2小时内，官方兽医应按照《反刍动物产地检疫规程》中“临床部分”实施检查。

1. 准宰　检查认为健康合格的羊只，准予屠宰。

2. 禁宰　发现有口蹄疫、羊痘、炭疽等疫病症状的羊只，限制其移动，并按照《中华人民共和国动物防疫法》《重大动物疫情应急条例》《动物疫情报告管理办法》和《病害动物和病害动物产品生物安全处理规程》（GB 16548—2006）等有关规定进行处理。凡确诊为炭疽、狂犬病、羊快疫、羊肠毒血症等恶性传染病的羊只，一律不准屠宰，需采用不放血的方法扑杀后销毁。死于恶性传染病的羊只尸体不得冷宰食用，同样应该予以销毁。如在羊群中发现炭疽病羊时，除对患羊采用不放血的方法扑杀并销毁外，其同群羊只应逐头检测体温。体温正常者急宰，体温不正常者予以隔离，并注射有效药物观察3天，无高温及临床症状者才能准予屠宰。如无治疗条件，羊只应隔离观察14天，待无高温及临床症状时准予屠宰。如果羊只注射过炭疽疫苗，需要经过14天后才能屠宰。被狂犬病或疑似狂犬病患畜咬伤的羊只，在咬伤后未超8天，且未发现狂犬病症状的准予屠宰，其胴体和内脏高温处理后出厂；超过8天者不准屠宰，采用不放血的方法扑杀后销毁。确诊为口蹄疫的羊只，采用不放血的方法扑杀后销毁，同群羊只应逐头测温，体温正常者急宰，体温不正常者应隔离注射有效药物观察，无高温及临床症状者准宰。发现有布鲁杆菌病症状的羊群，病羊按布鲁杆菌病防治技术规范处理。同群羊只隔离观察，确认无异常的准予屠宰。疫病同群羊只或疑似疫病羊只，隔离期间出现异常的，按《病害动物和病害动物产品生物安全处理规程》（GB 16548—2006）等有关规定处理。

3. 急宰 对不影响使用、卫生安全的普通病羊，或是患有一般性传染病而且有死亡危险的羊只应急宰。患布鲁杆菌病、结核病、肠道传染病及其他传染病和普通病的羊只均需急宰。凡患有《中华人民共和国动物防疫法》规定为二、三类疫病及非恶性传染病的羊只，均应在急宰车间或指定的场所进行屠宰。需要急宰的羊只，必须具备兽医人员开具的急宰证明。

4. 缓宰 患一般性传染病或普通病的羊只且有治愈希望者，或有疑似传染病而未确诊的羊只应准予缓宰。进行缓宰处理，必须考虑有无隔离条件和消毒设备，以及短期内有无治愈希望，经济成本核算与否等。有饲养育肥价值的羔羊、孕羊应予缓宰。缓宰时，如发现新的传染病，特别是恶性传染病时，必须及时向当地和产地的兽医防疫机构报告疫情，以便及时采取预防控制措施。

5. 物理性因素致死羊只的处理 在收购或运输期间，因挤压、触电、摔跤、斗殴等物理原因致死的羊只，在死后 2 小时内取出内脏。肉质检验结果合格，胴体经无害化处理后可出厂食用。

三、屠宰规范

羊只屠宰技术的优劣直接关系着羊肉和羊皮的品质。目前常用的有手工屠宰法和现代化屠宰法。经宰前健康检疫合格羊只准予屠宰，屠宰工艺流程参考图 7-1。

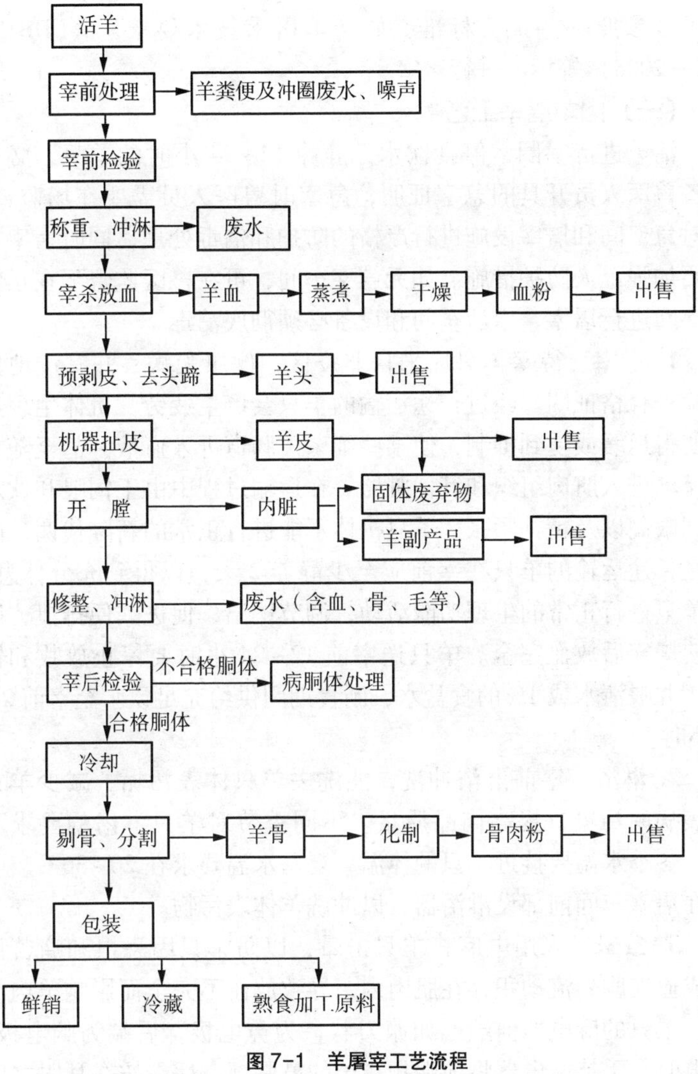

图 7-1　羊屠宰工艺流程

肉羊的屠宰应遵守《畜类屠宰加工通用技术条件》（GB/T

17237—2008）和《肉类加工厂卫生规范》（GB 12694—1990），也可以参照一些地方标准，如《羊屠宰技术要求》（DB13T 963—2008）等标准进行屠宰。

（一）肉羊屠宰工艺

活羊进待宰圈，停食饮水，静养 12~24 小时的羊只，必须具备兽医人员开具的急宰证明，急宰时兽医人员需要在场监督，并对急宰间和屠宰设施进行严格的防护和消毒处理，同时屠宰人员要加强个人防护措施。如无急宰车间，可在兽医监督下在正常屠宰间进行屠宰，宰后车间和设备必须彻底消毒。

1. 送宰 待宰羊只应来自非疫区，健康无病，并有产地兽医检疫合格证明。经过长途运输的羊只会产生疲劳，机体生理过程变得迟缓或受到抑制，使某些细菌由肠道进入血液，甚至随血液流动进入肌肉组织和其他脏器。在运输过程中由于饲喂和饮水受到限制以及精神紧张，羊只机体不能进行正常的新陈代谢，因此经长途运输的羊只在宰前应至少静养 2 天，以得到充分休息，使羊只进行正常的生理功能活动，调节体温，促进粪便排泄，以便使屠宰后放血完全。羊只送宰前 12~24 小时要停止放牧和饲喂，并喂清水或 1%的食盐水，断食期间供给充足饮水至宰前 2~3 小时。

2. 淋浴 宰前淋浴冲洗，能洗去羊只体表污垢，减少羊只体表病菌污染，提高肉品质量。不同季节对羊只淋浴的要求不同，冬季水温要接近羊只的体温，夏季水温要求在 20~36℃。一般在屠宰车间前部设淋浴器，以冲洗羊体表污物。

3. 致晕 采用电麻将羊只击晕，以防羊只因恐惧和痛苦而造成血液剧烈流动积存在肌肉内，导致放血不完全而影响羊肉品质。羊只的麻电器前端形如镰刀状，为鼻电极，后端为脑电极。麻电时，手持麻电器将前端扣在羊的鼻唇部，后端按在耳眼之间的延脑区即可。手工或宗教屠宰不进行击晕过程，而是提升吊挂后直接刺杀。具体致晕方式可根据当地风俗习惯或要求灵活选择。

4. 宰杀放血　用高压水冲洗羊只腹部、后腿部及肛门周围之后，用扣脚链扣紧羊只的右后小腿，匀速提升，使羊只后腿部接近输送机轨道，然后挂至轨道链钩上。挂羊时，速度要快，从击昏到放血不能超过 1.5 分钟。放血可采用卧式放血也可以采用倒立放血。卧式放血时，用 V 形输送机将活羊输送到屠宰车间，在输送机上用手麻电器将羊只击晕，然后在放血台上持刀刺杀放血。倒立放血时，将活羊用放血吊链拴住一条后腿，通过提升机或羊放血线的提升装置，将羊只提升进入放血自动输送线的轨道上，再持刀刺杀放血。放血时从羊只喉部下刀，横切断食管、气管和血管。伊斯兰"断三管"的屠宰方法由阿訇主刀。刺杀放血刀应每次消毒，轮换使用。放血时间不少于 3 分钟，放血要完全。放血完全的屠体在大血管内不存有血液，内脏和肌肉中含血量少，肉色较淡；放血不完全则相反。羊只全身的血量不可能完全放尽，只能放出总血量的 50%~60%，还有 40%左右的血液依然残留在组织中，其中以内脏器官残留较多，肌肉中残留较少，1 千克肉中残留 2~9 毫升血液。在放血良好的情况下，羊只的放血量为胴体质量的 3.2%~3.5%。

5. 割头、去蹄

（1）割头：割头时，用刀在羊脖一侧割开一个手掌宽的孔，将左手伸进孔中抓住羊头，沿枕环关节和第一颈椎间切断，割下羊头。

（2）去蹄：去蹄一般包括六个步骤：①预剥后腿皮时，从跗关节下刀，刀刃沿后腿内侧中线向上挑开羊皮，从跗关节上方至尾根部剥开羊皮。②去后蹄时，从跗关节下刀，割断连接关节的结缔组织、韧带及皮肉，割下后蹄，放入指定容器中。③剥胸、腹部皮时，用刀沿羊只胸腹中线向左右两侧剥开胸腹部羊皮至肷窝为止。④剥颈部及前腿皮时，从腕关节下刀，沿前腿内侧中线挑开羊皮至胸中线，沿颈中线自下而上挑开羊皮，从胸颈中线向两侧进刀，剥开胸颈部皮及前腿皮至两肩为止。⑤去前蹄时，从腕关节下刀，割断连接关节的结缔组织、韧带及皮肉，割下前蹄放入指定的容器内。⑥预剥后换轨，启动起重设备——电葫芦，用两个管轨滚轮吊钩分别钩住羊只的两只后腿跗关节处，将羊只屠体平稳送到管轨上。

6. 剥皮 头、蹄割下后，趁热剥皮。剥皮可分为人工剥皮和机械剥皮两种。头、蹄割下的同时将腹皮沿正中线剥开及沿四肢皮剥开，然后手工或机械将背部皮从尾根、腿部向前扯开，与羊胴体分离。

（1）手工剥离：有两种方法：一种是拳剥法，即先将头、腿皮用刀剥开，然后一手拉紧皮边，一手握拳捶肉，边捶边拉，很快把皮剥完；另一种方法是将羊体悬挂于木架上，先用刀剥开头部和四肢皮肤，然后将羊皮从头部向下拉至角、耳处至颈、胸，剥下前腿皮，再继续拉至后躯，剥下后腿皮，抽掉尾骨。在拆皮过程中如遇到连肉部位不好剥时，仍可用捶剥法，边捶边拆，此法剥皮十分迅速，而且可保持皮张清洁，不受损伤。在剥皮过程中应尽量使用拳剥法，少用刀剥，以免损伤皮面，皮上尽量不带肌肉。剥完后将皮板毛面向下，平整地铺在地面上晾干。

（2）机械剥皮：在大型羊场和屠宰厂，成批集中宰羊时，可用专门的剥皮机剥皮，即先行手工预剥后，用机械剥皮。机械剥皮分立式和卧式两种：①立式剥皮的具体操作方法为，当羊体运行至剥皮机旁时，操作人员一只手用铁链将尾皮套住（如果是山羊，套住两腿皮），另一只手将铁环挂在运行的剥皮机挂钩上，随着剥皮机的转动，将羊皮徐徐拽下。②卧式剥皮的具体操作方法为，当预剥皮的羊体运至剥皮机时，先将预剥的皮用压皮装置压住，再将套着羊体两前腿的链钩挂在运转的拉链上，拉皮链运转而将皮剥下。上述两种方法均在活羊宰杀后，先用手工预剥，再送入剥皮机。剥皮时，要求皮上不带脂肪，不带肌肉，皮张不破损。

7. 缩扎肛门　冲洗羊屠体肛门四周后，将橡皮盘套和塑料袋反套在左臂上。左手抓住肛门并提起，右手持刀将肛门沿四周割开并剥离。随割随升，提高10厘米左右，将塑料袋翻转套住肛门，之后用橡皮盘套扎住塑料袋，最后将结扎好的肛门送回深处。

8. 开膛、结扎食管　从胸软骨处下刀，沿胸中线向下贴着气管和食管边缘，锯开胸腔和颈部。剥离气管和食管。将气管与食管分离至食道和胃结合部，将食管顶部结扎牢固，以防在剖腹时胃内容物流出。

9. 剖腹取内脏　羊屠体剥皮后，应立即开膛取出内脏，最迟不能超过30分钟，否则对脏器和肌肉均会产生不良影响，如降低肠和胰脏的质量等。取内脏分为取白脏（胃、肠、脾）和取红脏（心、肝、肺、肾）两步骤，取出后的白、红内脏分别放入同步检验盘中进行检验。

10. 劈半　羊胴体可以是整个胴体，也可以劈成两个半胴体。劈半前，先将背部用刀从上到下分开，称作描背或划背。劈半时可电锯或砍，刀沿脊柱中线将胴体劈为两半，要求露出骨髓，但不得劈斜、断骨。

11. 胴体修整　对胴体进行检查和修整时，使用镊子和刀修去胴体淋巴、瘀血、瘀斑、伤痕、污物和浮毛等不洁物，以保证胴体整洁卫生，符合商品要求。

12. 同步检查　在羊胴体分割时，盘式输送机输送白、红内脏，悬挂输送机传送胴体，同步输送，此时准确检查羊内脏有无病变，胴体是否有瘀伤、病变等。具体检验方法可参考《牛羊屠宰产品品质检验规程》（GB 18393—2001）。

13. 冲洗　用32℃左右的温水，由上至下冲洗整个羊胴体外侧、内侧和刀口处，洗掉瘀血、羊毛、污物等。

14. 冷却排酸 将羊胴体推入冷却间，保持间距不小于10厘米。冷却间温度为0~4℃，空气相对湿度保持在85%~90%。一般绵羊胴体冷却排酸24小时，山羊胴体冷却排酸24~48小时。冷却排酸后，羊胴体中心温度低于7℃。冷却过程中，羊胴体经历僵直、解僵和成熟冷却等一系列过程，肌肉组织将转化成可使用的原料肉。经冷却排酸之后的原料肉，不但卫生安全，而且嫩度和口感极佳。

15. 剔骨、分割 羊胴体的剔骨分整体剔骨和分割剔骨两种，较小的羊胴体进行整体剔骨，较大的羊胴体采用分割剔骨。

16. 急冻、包装、冷藏 将分割之后的羊肉放入冷冻间，冻结间的温度保持在-25℃以下，相对湿度95%~98%，冻结24~48h，使肉中心温度降至-15℃以下。把冻结之后的羊肉装入标准箱内，并在箱体外标注重量、生产日期等信息，送入冷藏间。

（二）宰后检验与处理

宰后检验是冷却羊肉卫生检验工作中最重要的环节，它通过检验人员的感官和剖检，对每个规定的检验环节进行直接检验，主要检验宰后羊屠体的内脏、胴体和淋巴结等有无病理变化及异常现象。对于处在潜伏期或临床症状不明显的早期患病羊来说，因为宰前检疫仅能发现有较明显的临床症状或有体温反应的病羊，所以宰后检验更为必要，它是宰前检疫的继续和补充。宰后检验对判定冷却羊肉产品的卫生安全状况做出评价，对保证人们食肉安全和控制羊只疫病的传播具有重要意义。羊的宰后检验可参照《牛羊屠宰产品品质检验规程》（GB 18393—2001）操作。

1. 宰后检验的基本方法 宰后检验的基本方法主要有视检、剖检、触检、嗅检和实验室诊断。

（1）视检：以肉眼观察羊只肉体的皮肤、肌肉、脂肪、骨骼、关节、胸腹膜、内脏等部位的形态、大小、色泽。根据视检的结果，再进一步做剖检。

（2）剖检：借助检验刀和检验钩剖开羊屠体，观察肉体或内脏的隐蔽部分及深层组织的变化。

（3）触检：用手直接触摸宰后羊肉体、脏器的受检部位，判定其黏度、弹性和软硬程度等。

（4）嗅检：用嗅觉来判断受检羊肉体、脏器有无异常气味等。

（5）实验室诊断：羊肉宰后检验过程中，有些疾病往往不能单凭上述各项检验方法所判定，必须借助于实验室诊断才能正确判断。为了保证羊屠体肢解分离后仍能前后对照和统一处理，各羊只的胴体、内脏、头、蹄和皮张在分离时必须编记同一号码，以便查对。

2. 屠体的各部位检验　羊只的宰后屠体各部位检验可分为头和蹄部检验、肉体外貌检验、内脏检验、胴体检验、淋巴结检验、复检与盖章共六个步骤。

（1）头和蹄部检验：头部检验主要检查鼻镜、齿龈、口腔黏膜、舌及舌面有无水疱、溃疡、烂斑等，必要时剖开下颌淋巴结，检查形状、色泽及有无肿胀、瘀血、出血、坏死灶等。蹄部检验主要检查蹄冠、蹄叉皮肤有无水疱、溃疡、烂斑、结痂等。

（2）肉体外貌检验：视检肌肉表层疏松结缔组织有无水肿、局部出血性胶样浸润，是否带有酸臭味，肉色是否变暗或变黑，以便检出炭疽痈或恶性水肿。

（3）内脏检验：脾脏检验主要检验羊屠体开膛后脾脏的形态、大小、色泽，注意增大的程度和质地的状态。剖检脾髓的结构、性状及色泽，如有可疑则严禁解体等后续处理。怀疑患有淋巴细胞性白血病时，应检查全身淋巴结是否肿大。肺、心脏、肝脏检验时，视检肺和心脏的大小、形态、色泽，表面有无病变；触诊两侧肺叶是否有结节、肝变区，切开肺组织检查有无结核、传染性胸膜肺炎等病变；剖检左、右支气管淋巴结，纵隔淋巴结，同时检查食管有无肉孢子虫寄生；剖检心脏有无斑纹状变性和坏死等；检查肝脏有无肝实质变性、坏死、出血等变化；剖检肝门淋巴结和胆管是否变粗变白，横断胆管压挤内容物，查看有无肝片吸虫。胃肠检验时，视检胃肠浆膜有无异常，剖检肠系膜淋巴结，以检出局部是否有炭疽和血吸虫。肾脏检验时，进行视检和触检，必要时剖检。

（4）胴体检验：检查羊胴体皮下组织、脂肪、肌肉、淋巴结以及胸腔、腹腔浆膜有无瘀血、出血以及疹块、脓肿和其他异常等。

（5）淋巴结检验：颈浅淋巴结（肩前淋巴结）是在肩关节前稍上方剖开臂头肌、肩胛横突肌下的一侧颈浅淋巴结，检查其切面形状、色泽及有无肿胀、瘀血、出血、坏死等。另外，对于髂下淋巴结（股前淋巴结、膝上淋巴结）剖开一侧淋巴结检查其切面形状、色泽、大小及有无肿胀、瘀血、出血、坏死等。对于有疑似病羊，要检查腹股沟深淋巴结是否有病变。

（6）复检与盖章：检查有无病变漏检，肾脏是否正常，有无内外伤，修割是否干净等情况。复检合格的羊胴体，在胴体上加盖本厂（场）的羊肉品质检验合格印章，准予出厂。对检出的病肉按规定分别盖上相应的检验处理印章，并进行处理。盖检验印章可分为三类：认为适用于食用、品质良好的羊胴体，盖以“兽医验讫”印章；认为经过无害化处理后可供食用的羊胴体和脏器，根据不同的处理要求，分别盖以“产酸”“高温”“冷冻”“腌制”“炼制食用油”等印章；判定品质低劣、不适于食用的羊胴体和脏器，盖以“销毁”或“炼制工业油”等印章。

3. 宰后检验的处理方法

（1）适于食用：品质良好的冷却羊肉，可不受限制出厂。

（2）有条件食用：凡患有一般传染病、轻症寄生虫病或病理损伤的羊胴体和内脏，根据病变性质和程度，经过无害化处理，使得传染性、毒性、寄生性消失后可以有条件食用。无害化处理包括冷冻处理、产酸处理、盐腌处理、高温处理和炼制食用油等。

（3）化制：凡患有一般传染病、寄生虫病、中毒或病理损伤的羊胴体和脏器，不能经无害化处理后食用者，可炼制工业油或骨肉粉。

（4）销毁：凡患有《肉品检验试行规程》所列的传染病的羊胴体和脏器，必须用深埋、焚烧等方法销毁。

四、羊肉的成分与标准

（一）羊肉的成分

羊肉和牛肉、猪肉比较，其主要特点在于：羊肉的蛋白质含量低于牛肉，高于猪肉；脂肪含量低于猪肉，高于牛肉。然而在脂肪中胆固醇的含量均比牛肉和猪肉低得多（表 7-1）。每 100 克羊肉中，胆固醇的含量仅为 29 毫克，牛肉为 75 毫克，猪肉为 74. 5～126 毫克。

表 7-1　几种主要家畜鲜肉成分比较

肉别		水分（%）	蛋白质（%）	脂肪（%）	灰分（%）
绵羊肉	肥	60. 3	15. 2	23. 7	0. 8
	瘦	71. 1	20. 8	7. 0	1. 1
山羊肉		73. 8	20. 7	4. 0	1. 2
牛肉	肥	59. 8	19. 2	20. 2	0. 8
	瘦	72. 9	20. 1	5. 7	1. 0
猪肉	肥	46. 0	14. 1	39. 0	0. 8
	瘦	71. 0	21. 4	6. 5	0. 9

（引自：云南省农家书屋建设工程领导小组主编，《高效优质养羊新技术》，2010）

（二）羊肉质量标准

羊肉的整体质量标准，按照规定，应除净羊体内的生殖器官，如母羊的胎盘、子宫、卵巢和公羊的外生殖器、睾丸等，摘除所有内脏，不带毛、皮块、血污、粪污、病灶或有害腺体如甲状腺、颌下腺和有病变的淋巴结等，保证肉质新鲜，色泽良好。

活羊经屠宰放血后，去毛（去皮）、头、蹄、尾和内脏的躯体为胴体羊肉。未经冷却加工的胴体羊肉为鲜胴体羊肉。经冷却加工，其后腿肌肉深层中心温度不高于4℃的胴体羊肉为冷却胴体羊肉。经冻结加工，其后腿肌肉深层中心温度不高于-15℃，并在-18℃以下储存的胴体羊肉为冻胴体羊肉。我国GB/T 9961—2008《鲜、冻胴体羊肉》对不同羊肉产品的感官指标、理化指标、微生物学指标做了明确规定，并从胴体重量、肥度、肋肉厚、肉脂硬度、肌肉度、生理成熟度和肉脂色泽项目，界定了大羊肉、羔羊肉、肥羔肉的品质级别。肉品质共分四个级别，分别为特级、优级、良好级和可用级。

第二节　羊肉冷却与储藏保鲜技术

刚屠宰完毕的羊胴体，其温度一般在37℃左右；同时，羊只死后肌肉内部发生一系列复杂的生物化学变化，释放一定量的僵直热，会使肌肉的温度进一步上升到40℃左右。37~40℃的温度范围非常适合微生物的生长繁殖，另外内源酶的活性也较高，对冷却羊肉的分割、运输、储藏、销售非常不利。因此，羊只屠宰后要使羊胴体的温度下降到一定程度，以起到抑制微生物生长繁殖和内源酶活力的作用。我国《鲜、冻胴体羊肉》（GB/T 9961—2008）规定，冷却羊胴体时，冷却温度为0~4℃，经10小时冷却后后腿深层肌肉中心温度不高于7℃。为了满足冷却羊胴体的最终温度和保持冷却羊肉品质的要求，羊只屠宰和加工企业要配备相应的冷却设施，采用一定的预冷却技术降低羊胴体的温度。羊胴体的预冷却技术包括常规预冷却技术和现代预冷却技术。

一、常规预冷却技术

羊肉传统预冷却技术有空气冷却法和冷水冷却法。其中空气冷却法最为常用，包括常规冷却和两段冷却等。尽管羊胴体的厚度远低于牛胴体和猪胴体，能够在24小时内降到7℃以下，但是预冷却速率较快（10小时以内），会使羊肉在冷却时产生冷收缩，影响产品的食用品质和加工品质。为了保证羊肉的品质，多数厂家采用延长预冷却时间的方法。但是延长预冷却时间，会增加生产成本。为了达到既保证冷却羊肉品质又缩短预冷却时间的目的，就要配置合理的冷却设备，优化预冷却参数，最大限度地降低预冷却对羊肉滴水损失、微生物状况、外观和食用品质的影响。

（一）空气冷却法

对于羊胴体的预冷却，目前一般采用空气冷却法，即在冷却室内装有各种类型的液氨蒸发管，以空气为媒介，将肉体的热量散发到空气中，再传至蒸发管从而起到降低羊胴体温度的方法。根据冷却过程中冷却条件的变化，空气冷却法可以分为一次冷却法和二次冷却法。一次冷却法是在一个特定的冷却温度、湿度、风速等参数条件下，完成羊胴体全部预冷却过程的方法。例如，冷却空气温度控制在0~4℃，风速在0.5~1.5米/秒，相对湿度在90%~98%，预冷却结束后，羊胴体后腿肌肉最厚部中心的温度达到7℃以下，整个预冷却过程在24小时内完成。二次冷却法是指在可调节温度、湿度、风速等的两个时间段内，完成羊胴体预冷却过程的方法。例如，第一阶段，冷却间空气温度为2~3℃，空气流速为1~2米/秒，预冷却2~4小时；第二阶段，冷却间空气温度降到-2~-1℃，空气流速为0.1米/秒，冷却18小时左右，在缓慢预冷却过程中使肉表面与中心温度趋于一致。冷却空气的温度和速率是影响羊胴体预冷却时间的两个最重要因素。冷却室内空气的温度越低、风速越大，羊胴体的预冷却时间越短；另外一方面，羊胴体的厚度和脂肪含量也对预冷却时间产生重要影响，如表7-2、表7-3所示，羊胴体的厚度越大、脂肪含量越高，预冷却的时间越长。

表7-2 冷却温度、风速、胴体重对不同羊肉部分冷却时间的影响。

冷却温度（℃）	冷却风速（米/秒）	胴体重（千克）	部位	温度（℃）	时间（小时）	部位	温度（℃）	时间（小时）
0	0.15	12	腿肉内部	7	6.5	腿肉内部	2	10
		25		7	7.2			12
		25		7	8.4			14
		28		7	10.4			17
		33		7	15			23
4	0.15	12	腿肉内部	7	8.6			
		25		7	10			
		25		7	12			
		28		7	14.3			
		33		7	20			
1	0.5	30	腿肉内部	7	10	通脊内部	7	7
			腿肉内部	7	7	通脊内部	7	5
15℃6h	0.1（15℃）	30	腿肉内部	7	13	通脊内部	7	10
后1℃	0.5（1℃）		腿肉内部	7	9	通脊外部	7	7

续表

冷却温度（℃）	冷却风速（米/秒）	胴体重（千克）	部位	温度（℃）	时间（小时）	部位	温度（℃）	时间（小时）
-2℃2h	3.0（15℃）	15~17.5	腿肉内部	10	4.2	通脊内部	10	2.5
后0℃	0.1（1℃）		腿肉内部	7	6.0	通脊内部	7	3.5

表 7-3　不同胴体重和脂肪含量的羊背最长肌在 0~2℃下的冷却时间

胴体重（千克）	26.8	21.5	16.8
第 12 根肋骨处的脂肪厚度（毫米）	7.1	3.3	1.1
冷却到 7℃的时间（小时）	4.3	3.1	1.9
冷却到 1℃的时间（小时）	8.1	5.9	5.6

（引自：张德权，《冷却羊肉加工技术》中国农业出版社，2014）

（二）冷水冷却法

以冷水或冷盐水为介质，通过浸泡或喷洒的方式进行冷却的方法标为冷水冷却法。与空气冷却法相比，冷水冷却法可大大缩短冷却时间，但容易造成肌肉中的可溶性营养成分损失。冷水冷却法的冷却终温一般在 0~4℃，冷却羊肉常冷却到 3~4℃，然后移到 0~4℃冷藏室内，使肌肉温度逐渐下降；加工分割的羊胴体，先冷却到 12~15℃，再进行分割，然后冷却到 1~4℃。用盐水作为冷却介质时，盐水不宜和羊肉直接接触，因为微量盐分渗入羊肉内会使羊肉出现咸味和苦味。

二、现代预冷却技术

由于传统的预冷却技术很难在保证羊胴体的最佳质构品质的同时，最低限度地降低滴水损失，因此现在很多羊只屠宰及加工企业采用新型预冷却技术。

（一）电刺激辅助预冷却技术

首先对羊胴体进行电刺激，之后再预冷却的技术，既能缩短预冷却时间，又能避免羊肌肉产生冷收缩。新西兰法规要求羊胴体在电刺激后放置 90 分钟，之后采用不同的预冷却温度，可以使其快速降低到 7℃。例如，对羊胴体进行电刺激后放置 90 分钟，在-30℃~-25℃快速冷冻 30 分钟，之后在 0℃平衡 3.5 小时，即可使羊胴体腿部的中心温度降低到 7℃。总之，采用电刺激辅助预冷却技术，可以使羊胴体总的预冷却时间缩短为 4 小时，并且改善了冷却羊肉嫩度品质。

（二）两段超急速预冷却技术

两段超急速预冷却技术是“二段冷却”的一种，它能够有效地降低羊胴体的预冷却损失。表 7-4 和表 7-5 是一段冷却和两段冷却技术及对肌肉持水性、预冷损耗、肉色、pH 值和微生物品质的影响。从表中可以看出，两段超急速冷却技术降温快，胴体失重少，有利于抑制微生物的生长繁殖和提高冷却羊肉品质。

表 7-4　羊胴体两段超急速预冷却技术与常规预冷却技术的对比

项目	一段冷却	两段快捷冷却		两段超急速冷却	
		第一阶段	第二阶段	第一阶段	第二阶段
制冷功率（瓦/米^3）	250	450	110	600	50
室温（℃）	0~2	-10~-6	0~2	-30~-25	4~6
制冷风温（℃）	-10	-20	-10	-40	-5
风速（米/秒）	2-4	1~2	0.2~0.5	3	—
冷却时间（小时）	12	1.5	8	1.5	8
胴体温度（℃）	7	—	7	7	7
重量损失（%）	1.5	—	0.85	—	0.8

注：“—”表示未对数值进行检测。

表 7-5　一段预冷却和两段超急速预冷却效果比较

	肌肉持水性	预冷损耗	肉色（50 块羊肉）			pH 值	菌落总数（个/厘米^2）
			5 分	3~4 分	1~2 分		
一段冷却	57%	1.6%	35	10	5	6.39	3.85
两段冷却	68%	1.3%	42	6	2	6.37	3.37

注：5 分，肌肉色泽鲜红或深红、质地较硬或坚硬、切面无汁液渗出；3~4 分，色泽暗红至褐红色、质地硬、切面干燥；1~2 分，肉色灰白、质地软、切面有汁液渗出。

（引自：张德权，《冷却羊肉加工技术》，中国农业出版社，2014）

三、冷却羊肉储藏保鲜技术

（一）常规储藏保鲜

1. 真空包装保鲜　真空包装就是把冷却羊肉肉块放入高阻隔性的包装袋中，通过真空泵抽出袋中空气，并把袋热封或打卡密封。真空包装材料可有效阻隔 O_2、水蒸气的透过，包装袋内残存的 O_2 被鲜肉组织和微生物的呼吸作用消耗掉，而呼吸作用释放出的 CO_2 对大多数好氧性腐败微生物（如假单孢菌属）具有抑制作用，真空包装中 CO_2 浓度有时可达到 20%以上。总之，真空包装抑制了微生物的生长繁殖，有效地延长了冷却羊肉的货架期。真空包装有收缩包装、热成型滚动包装、真空紧缩包装三种。真空包装具有保质期长、运输方便、包装费用适中的优点，但也存在一些问题，如汁液流失和羊肉颜色发生变化等。根据鲜肉中脂肪含量的不同，汁液流失一般在 0.3%~6%。真空包装袋内的氧分压很低（800 帕），肌红蛋白（Mb）无法与 O_2 结合形成氧合肌红蛋门（MbO_2），却在几小时内形成高铁肌红蛋白（MMb）。这是因为在低氧分压下，还原型 Mb 被氧化成 MMb 的速度大于 MMb 被肌红蛋白还原酶还原的速度，而且高真空度会加速褪色现象的发生。包装袋透气性很低，O_2 的进入并不足以阻止肉表面 2~3 毫米厚的褐色 MMb 层的形成，MMb 的形成量与包装膜的氧气通透性有关。如果包装膜的透气性很低，这一薄层褐色还不足以掩盖下面紫红色的 Mb，这时真空包装的冷却羊肉就显示紫红色。当袋内残存的 O_2 几乎全部被转化成 CO_2 时，冷却羊肉本身的还原酶活性会把 MMb 还原成 Mb，只要包装袋不破裂，这种还原活性足以保持肉中的 Mb 在整个储存期都处于还原状态。打开真空包装袋时，如果肉中的血红素大部分处于 MMb 状态，则冷却羊肉就会一直保持褐色；而如果肉中的 MMb 基本都被还原成 Mb 后再打开包装，则 Mb 会很快被氧合成鲜红色的 MbO_2，所以真空包装形式最适合于在工厂进行大袋包装，以这种形式储存和运输，到了超市再打开大包装进行分割托盘包装。当消费者认识到了真空包装正常的紫红色后，也会像购买托盘包装的冷却羊肉一样乐意购买真空包装冷却羊肉，但肯定不乐意购买褐色的冷却羊肉。在进行真空包装的同时，国外一些企业采用特殊制造的吸水垫吸附渗出的肉汁，使感官品质得到改善。

2. 托盘包装保鲜 托盘包装是超市冷柜中冷却羊肉最常用的包装销售形式。一般冷却羊肉在工厂经真空包装，保质期为 10~30 天，平均为 17 天。真空包装的冷却羊肉，运输到超市后，打开真空包装袋切分后，用聚苯乙烯托盘盛放，上面再用聚氯乙烯（PVC）或聚乙烯（PE）膜覆盖。相对于玻璃纸膜来说，托盘包装的 PVC 覆盖膜能降低冷却羊肉的重量损失并增加产品的色泽稳定性。托盘包装的冷却肉，其色泽以鲜红色的氧合肌红蛋白为主，在冷柜中货架期为 1~3 天。冷却羊肉的切分、装盘、覆膜、摆放工序在超市进行，这样就有可能导致产品的二次污染。为了解决这一问题，国外采用母子袋包装，即零售肉块先用透氧性膜小包装，然后把 4~6 个小包装放入一个阻隔性非常强的多层复合膜（母袋）中，将母袋中空气抽出，真空包装或充入理想的气体（一般多为100% CO_2 气体），零售时，打开母袋，氧气透过子袋，子袋内冷却羊肉即可发色。母子袋包装的优点是到超市后只打开外袋，不需再进行切分、包装，简便、省力，但包装膜用量大、成本高。不同的包装形式需要相应的包装材料，目前包装材料有单层和复合两类，其中复合材料因其含有尼龙、聚偏二氯乙烯、乙烯-乙烯醇而具有良好的阻隔性，被广泛应用在冷却羊肉真空和充气包装方式上。

（二）现代储藏保鲜

1. 气调包装保鲜　气调包装（modified atmosphere packaging，MAP）中最常用的气体是 O_2、CO_2 和 N_2，另外，目前还有极少一部分产品使用5%以内的CO。经典的气调包装中的气体成分主要是 $O_2+CO_2+N_2$，三者按照一定比例进行混合，混合比例由控制微生物生长和保持感官质量（如色泽）两方面决定。

（1）气调包装常用气体：

1）O_2：氧气调包装中含有一定比例的 O_2，主要是为了促进肌肉中氧合肌红蛋白的生成与保持，并抑制厌氧菌的生长。在0℃、相对湿度99.3%、氧分压400～1 200帕时，（0.4%～1.2%）高铁肌红蛋白形成最多。一般来说，O_2 必须在5%以上方能减少高铁肌红蛋白的形成，O_2 浓度在10%以上才能维持冷却羊肉的鲜红，O_2 浓度在40%以上才能维持冷却羊肉肌肉保持9天良好的色泽。O_2 虽然可以维持冷却羊肉肌肉良好的色泽，但由于 O_2 的存在，在低温（0～4℃）条件下易造成好氧性假单胞菌的生长以及不饱和脂肪酸氧化酸败。

2）CO_2：CO_2 在冷却羊肉气调包装中的运用主要是因其具有抑菌作用。影响 CO_2 抑菌作用的因素很多，主要包括冷却羊肉中的微生物种类、CO_2 的运用时间、CO_2 浓度和产品储存温度几个方面。CO_2 对冷却羊肉中不同种类微生物的作用不同，一般来说，革兰氏阴性细菌比革兰氏阳性细菌对 CO_2 更敏感。尽管各种

微生物对于 CO_2 的敏感程度不同，但一般来说，酵母、真菌与细菌可以被 5%~50%（*V/V*）的 CO_2 所抑制。在 0~20% 的浓度范围内 CO_2 的抑菌效果呈线性增加；浓度高于 20%，CO_2 抑菌效果的增加相对减缓。因 CO_2 易溶于冷却羊肉的水分和脂肪中，加之某些复合塑料膜对 CO_2 有较高的透气率，所以混合气体中 CO_2 的混合比例应超过 30%，这样才能具有明显的抑菌效果。CO_2 的运用时间对其抗菌效果也有重要影响。对 CO_2 敏感的微生物，在其生长早期使用 CO_2，可以延长其迟滞期，当进入对数生长期后，CO_2 对微生物抑制作用降低。低温下 CO_2 在水中易于溶解，有利于快速形成碳酸，并解离成 H^+ 与 HCO^{3-}，因此低温可增强 CO_2 的抑菌效果。当 CO_2 浓度保持不变时，随着温度的降低，CO_2 抑菌效果增强。因此，在低温条件下，采用 CO_2 气调包装的冷却羊肉，其腐败速度大大减慢。虽然 CO_2 的抑菌效果比较好，但 CO_2 在水和油中的溶解性都很好。当只用 CO_2 进行充气包装时，CO_2 气体会被冷却羊肉肌肉组织和脂肪组织吸收，直到平衡状态为止。平衡状态时，CO_2 的分压会比开始时低，从而使整个包装袋内的气体分压降低，导致包装袋塌陷，影响整个包装的效果。

3）N_2：N_2 是一种惰性气体，它一般只作为充填物。N_2 既不影响冷却羊肉的颜色，也不能抑制微生物的生长，但其可降低冷却羊肉的失重率，因此，建议用充氮包装代替真空包装来减少挤压对冷却羊肉的外观和汁液的影响。

4）CO：CO 与肌红蛋白结合可形成一氧化碳肌红蛋白（MbCO），MbCO 比氧合肌红蛋白更稳定，并使冷却羊肉具有更吸引人的樱桃红色。正是由于 MbCO 的高稳定性，使得非常低的 CO 浓度就可保持冷却羊肉的鲜红色，而且这种低浓度的 CO 具有抑制细菌生长和抗氧化活性的作用。

总之，在冷却羊肉的气调包装中，CO_2 具有良好的抑菌作用，O_2 和 CO 具有保持鲜红色的作用，而 N_2 具有调节及缓冲作用。采用合理的 CO_2、O_2、CO 和 N_2 比例，能够最大限度地延长冷却羊肉的保质期。

（2）气调包装气体配比：冷却羊肉气调包装中使用不同配比的气体，可以对产品产生不同的保鲜效果，常见的有 CO_2（100%）；CO_2 和 N_2（如 80% N_2/20% CO_2，60% N_2/40% CO_2）；O_2 和 CO_2（如 80% O_2/20% CO_2，75% O_2/25% CO_2）；O_2、CO_2 和 N_2（10%或 20%O_2，20 或 40% CO_2 用 N_2 平衡）；CO_2、N_2 和 CO（如 0.5% CO/60% CO_2/39.5% N_2，5% CO/60% CO_2/35% N_2）。

1）CO_2：在冷藏条件下（0~4℃），充入饱和的 CO_2，可大大延长冷却羊肉的货架期，并防止肉色由于低氧分压所引起的氧化褐变。例如，使用 100% CO_2 包装的冷却羊肉在 2℃下货架期可延长至 42 天，比真空包装的货架期延长 2 倍以上。但是为了避免包装袋塌陷，充气包装中 CO_2 的量每千克肌肉应少于 2 升。100%CO_2 气调包装适合于批发、长途运输、要求较长保存期等销售方式。为了使冷却羊肉呈鲜红色，让消费者所喜爱，在零售前更换含氧包装，或换用聚苯乙烯托盘覆盖聚乙烯薄膜包装形式，使氧与冷却羊肉中肌红蛋白接触形成鲜红色的氧合肌红蛋白，以吸引消费者进行选购。

2）CO_2/N_2：CO_2 和 N_2 混合使用来维持包装袋内一定的气体体积，可以防止包装袋塌陷。CO_2，特别是当需要使冷却羊肉中的肌红蛋白保持还原状态时，采用 N_2 和 CO_2 混合包装。它既可以使冷却羊肉显示紫红色，又可以抑制微生物的生长和保持脂肪的氧化稳定性。为了使肌肉组织的呼吸作用降到最低，并保持适当的还原条件，包装袋内的 O_2 含量必须低于 0.5%，在这种气调包装中常用不同的 O_2 吸收剂以降低气调包装袋内的氧气含量。采用 CO_2 和 N_2 混合气调包装，可以使冷却羊肉在 0~2℃下的货架期达到 28~42 天。

3）O_2-MAP：含氧气调包装的混合气体通常为 O_2/CO_2 或 $O_2/CO_2/N_2$。一般来说，混合气体中配有一定比例的 O_2，是为了保持冷却羊肉的色泽和阻止厌氧菌的生长。在气调包装中，冷却羊肉表面鲜红色泽层的厚度与 O_2 的浓度成正比。因此，如果保持一个高氧分压环境，就会有效地抑制 MMb 的形成，防止肉色褐变。含氧包装虽然可保持冷却羊肉的鲜红颜色，但在含氧环境中，包装袋内 O_2 的存在会降低 CO_2 对微生物的抑菌效果和增强脂肪氧化，致使冷却羊肉的货架期大大缩短。因此，在相同储藏温度下，CO_2 和 O_2 混合气调包装，可使冷却羊肉的货架期仅比托盘包装延长 2 倍，而真空包装比有氧包装货架期延长 4 倍或更长。在欧洲和英国，由 O_2 和 CO_2 配合的气调包装可以使冷却肉货架期仅延长至 4~6 天，由 O_2、CO_2 和 N_2 配合的气调包装可使冷却肉的颜色稳定期延长 3~4 天。因此，冷却羊肉的含氧气调包装是一种只适合于近距离销售的零售包装方式。

4）CO-MAP：CO 与肌红蛋白结合可形成一氧化碳肌红蛋白（MbCO），可使冷却羊肉具有更吸引人的樱桃红色。MbCO 比氧化肌红蛋白更稳定，MbCO 的光吸收谱带与 MbO_2 的吸收谱带非常接近。正是 MbCO 的高稳定性，使得非常低的 CO 浓度就可达到保持冷却羊肉鲜红色泽的目的。随着混合气体中 CO 浓度（0.5%~1.0%）的增加，冷却羊肉的红度值随之增加，色泽也更加稳定。挪威肉类工业企业使用含 0.3%~0.4% CO 的混合气体进行气调包装，来延长冷却肉货架期，已经长达 10 年之久，到现在挪威已经有 50%~60%的在售冷却羊肉使用含 CO 的气调包装。CO-MAP 包装的冷却羊肉色泽呈现一种“类似人造的粉红色”，使得自然的鲜红色发生改变。但是在混合气体中增加 24%的氧气，可以促进氧合型肌红蛋白的形成，可以防止鲜肉“人造”的红色。

2. 活性包装保鲜 活性包装又称互相作用包装，是一项创新型的包装，它通过改变包装环境以延长货架期，是在基于食品和环境之间互相作用的动态变化提出来的，是由欧洲 FAIR-工程 CT 98-4170 最先定义的。活性包装具备传统包装所不具有的独特功能，包括清除氧、水汽和乙烯，释放乙醇和风味，以及抑制微生物活性。

（1）封入 CO_2 生成剂：真空包装的冷却羊肉中，虽然肌肉组织和微生物的呼吸作用消耗掉包装袋内残留的 O_2，同时排出 CO_2，起到抑制微生物生长繁殖的作用。但是，CO_2 对塑料薄膜的透过率是氧气的 5~10 倍，因此，需要 CO_2 产生剂来增加包装袋内的 CO_2 浓度。

（2）O_2 排除技术：许多情况下，真空包装冷却羊肉的腐败变质，是由其中残留的 O_2 致使好氧性微生物繁殖以及脂肪氧化造成的。传统的真空包装既不能彻底地、连续不断地除去 O_2，而且也不能排除掉从包装膜外渗透进来的 O_2，而 O_2 排除剂可吸收包装内残留的 O_2。目前商业化的 O_2 排除剂大多是基于铁的氧化，铁被氧化成二价铁离子，生成氢氧化亚铁，继而被氧化成氢氧化铁。1 克铁可与 300 毫升的氧气发生反应，可以将包装袋内的氧气浓度降到 0.01%以内。另一项氧气排除技术是在透明包装中加封乙基纤维素薄膜，此薄膜含有溶解的感光染料和单纯态的吸氧物质。如果受到适当波长光的照射，激活的染料分子使氧分子敏感化，溶解于多聚体中，成为单纯态。单纯态的氧分子通过与吸收物质分子反应，从而被消耗掉。

（3）封入抗菌剂：抗微生物包装是很有发展前景的一种包装技术。目前抗微生物包装技术分为两类。第一类是将抗菌剂与包装材料表面结合，要求这种依附在包装膜上的抗菌剂分子结构足够大，以保持对食品表面的细菌细胞壁具有抑菌活性，这种抗菌剂是酶和抗微生物蛋白质；另一类是包装材料中能够释放抗菌物质，抗菌物质接触到食品表面从而抑制微生物的生长繁殖。

为了防止有害微生物在冷却羊肉中的生长，目前国际上流行将抗菌剂溶入包装材料上，或将能够释放抗菌剂的膜包裹在包装材料内，以抑制包装袋内有害微生物的生长繁殖，从而达到延长冷却羊肉货架期的目的。日本研制了一种乙醇蒸气释放小包，此小包由纸与乙烯醋酸-乙烯酯共聚物积层材料制成，内装55%的食品级乙醇、10%的水分及35%的二氧化硅粉末及少量香料。包的大小取决于包装物的重量、水分活性和所要求的保质期，此活性包装材料可控制10种不同的真菌、15种细菌和3种酵母菌。

3. 高压保鲜 高压技术是指在一定温度下，用100~1 000兆帕的压力处理冷却羊肉。作用一定的时间，由于高压对生物材料的变性作用引起蛋白质变性、酶失活及微生物灭活等，从而达到改善品质的加工技术。一些研究表明，冷却羊肉在100~600兆帕高压下处理5~10分钟，可减少一般细菌、酵母和霉菌的数量；当用600兆帕处理15分钟时，冷却羊肉中绝大多数微生物都会死亡，同时高压对冷却羊肉肌肉中的寄生虫幼虫也有杀灭作用。另外，高压处理不仅能杀灭微生物，延长保质期，也可以使冷却羊肉嫩化，加速成熟，而且其营养价值、风味、鲜度和色泽无明显变化。

4. 辐照保鲜 食品辐照保鲜技术是利用电离辐射产生的射线穿过食品时以强大的能量将食物表面和内部的微生物杀死，从而延长了食品，特别是肉制品的货架期。辐照杀菌机制是利用放射线发出的能量，以电磁波形式透过物体，当基质中的分子吸收辐射能量时，汇集成离子或自由基，因其化学键破裂，使物质内部结构发生变化；同时对细菌细胞中遗传物质造成损伤，进而损害整个细胞体，影响其正常生长发育和新陈代谢，从而杀死物质表面和内部的微生物。

辐照保鲜技术基本不用升温就能达到灭菌效果，具有以下优点：①杀菌效果好，并具有广谱杀菌作用。②可通过调整辐照剂量达到对不同肉品杀菌的要求，从而延长肉品的货架期。③辐照射线能快速、均匀、较深地透过整个物体，与加热处理杀菌相比，辐照可有效杀灭肉品内部的微生物，并较易得到精确的控制。④辐照为“冷处理”，几乎不产生热效应，可最大限度地保持肉品的营养成分、维持肉品原有的感官指标和特性，并可对冷冻状态下的肉品进行杀菌处理。⑤没有非食品成分的残留，从而减少环境污染和提高肉品的卫生质量。⑥可对包装、密封好的肉品进行杀菌处理，避免了在肉品生产和制作过程中可能出现的严重交叉污染问题，也使生产特殊消费的食品变为可行。⑦与热处理、干燥和冷冻保藏技术相比，辐照杀菌技术可节省能源，能耗相差几倍到几十倍。目前，冷却羊肉的辐射主要使用^{60}Co和^{137}Cs释放的γ射线。现在国际上普遍采用（2～5）$\times10^4$戈瑞的高辐射剂量，来杀灭带芽孢的微生物；（0.5～0.75）$\times10^4$戈瑞的中等剂量杀灭无芽孢病原微生物，也称作辐射消毒；0.5戈瑞低剂量杀死部分腐败微生物，延长冷却羊肉储藏期，也叫辐射防腐。然而辐照处理也有其弊端，即辐照会加速冷却羊肉的脂肪氧化，脂肪氧化程度随着辐照剂量的升高而增大。随着储藏时间的延长，辐照冷却羊肉的脂肪氧化速度也会明显加快。但在大多数情况下，辐射产物的形成仅是引起正常成分的分解，并不会引起毒害作用，因此辐照保鲜是一种很有前景的保藏方法。

5. 冰温保鲜　冰温保鲜技术是指将食品的储藏温度控制在其冰温带的范围内，即通过测试，确定不同食品的冰点温度，从而确定其冰温带，然后将该食品放置在自身的冰温带范围内的合适温度点进行储藏的一种新兴技术。冰温保鲜的优点：①储藏时不破坏细胞组织。②可以有效抑制有害微生物的活动及各种酶活性的变化。③延长储藏货架期。④显著提高多种食品的品质，这是普通冷藏及气调储藏方法都不具备的。将食品的储藏温度控制在冰温带范围内，可维持其细胞组织的活体状态。如果食品自身冰点较高，可加入适宜的冰点调节剂使其冰点降低，扩大其冰温带进行储藏。冰温保鲜技术是继冷藏和冻藏之后的第三代保鲜技术，是农产品储藏保鲜技术的“一次革命”。冰温保鲜技术并非指水的冰点温度，不同的食品其冰点温度不同，从而冰温带也各有差异。因此，若对某种食品进行冰温储藏时，必须研究其合适的冰温带以及必要的冰温调节技术，才能进行冰温储藏，否则，所储产品的储藏品质将不能反映真正的技术价值。

冰温保鲜技术有利于保持冷却羊肉的良好品质，延长产品的货架期。表 7-6 显示了冷却羊肉-1℃冰温保鲜与 4℃冷藏保鲜的品质对比情况。冰温保鲜的冷却羊肉储藏 45 天后仍能基本保持原有鲜度，与 4℃冷藏相比延长保鲜时间 1 倍以上。冰温保鲜之所以能延长冷却羊肉的货架期，是由于冷却羊肉在-1℃冰温库中，组织处于即将冻结的冰温带，催化糖酵解等物质能量代谢的相关酶受到强烈抑制，降低了糖酵解的乳酸和磷酸肌酸分解而成的磷酸积累速度，减缓羊肉 pH 值的下降速率，减少羊肉中与腐败有关的挥发性氮和 H_2S 含量，降低腐败速度，增加羊肉的保水性，减少储藏过程中的失水率。

表 7-6　冷藏与冰温保鲜条件下冷却羊肉的品质变化

时间（天）	pH 值		失水率（%）		TVB－N 含量（毫克/100 克）		H_2S 含量（毫克/100 克）	
	冰温	冷藏	冰温	冷藏	冰温	冷藏	冰温	冷藏
0	6.55	6.55	6.4	6.4	10.2	10.2	0.05	0.05
5	6.33	6.29	7.1	12.1	12.1	18.1	0.07	0.11
10	6.21	6.18	12.3	18.3	12.7	34.6	0.11	0.18
15	6.14	5.96	13.5	20.1	14.3	54.8	0.15	0.23
20	6.08	6.25	14.7	18.2	16.2	77.4	0.21	0.27
25	6.11	6.57	15.8	16.4	21.1	103.1	0.28	0.35
30	6.16	—	15.2	—	27.6	—	0.34	—

续表

时间（天）	pH 值		失水率（%）		TVB－N 含量（毫克/100 克）		H_2S 含量（毫克/100 克）	
	冰温	冷藏	冰温	冷藏	冰温	冷藏	冰温	冷藏
35	6.26	—	12.3	—	46.4	—	0.40	—
40	6.31	—	9.7	—	67.1	—	0.46	—
45	6.58	—	6.8	—	94.7	—	0.51	—

注："—"表示此时的样品由于已经腐败，未进行相关指标的检测。

冰温保鲜的特点决定了冰温保鲜库的建设必须达到很高的技术要求，温度波动范围必须很小，这就决定了冰温库的冷藏控制设备要比普通冷库更为精确，需要对其材料、制冷设备匹配、各类传感器、通风系统、气调设备、自动化控制元器件以及控制软件程序等多方面技术和材料进行优化与调整。相关统计调查结果表明，普通的装配式冷库实际库温波动范围多数为 2～3℃，甚至达到 5℃左右，而冰温库则要求温度波动小于 0.5℃。2006 年天津商业大学与日本大轻工业株式会社共同开展了"冰温技术运用"课题研究，并在天津商业大学建设了 40IT12 的冰温中试库。经测试，在空库下，库内温度波动范围为±0.3℃。2007 年国家农产品保鲜工程技术研究中心（天津）经多项技术突破，建设了具有自主知识产权的冰温气调保鲜库，库容积 200 立方米，并获专利授权。经测试，库内各部位温差小于 0.3℃，各时间段温差小于 0.2℃，融霜期间也保持了温度均一，没有波动，各项技术指标达到设计要求，部分指标超过了设计要求。2011 年，中国农业科学院农产品加工研究所采用了库顶静压送风、夹套回风的均匀活塞流的方式，对库内温度进行精确控制，采用了载冷剂供液、冷风机并联及多点反馈控制的库内冷却方式，形成了简单且节能的温度精确控制技术的集成方法。该设计保证了冷却羊肉在储藏过程中，库内速度场和温度场均匀，没有死角，且库内风速小于 0.1 米/秒，大大减小了冷却羊肉的干耗。该冰温保鲜库现已在北京卓宸牧业有限公司建造并投入生产。根据羊肉冰点温度-1℃，调控空库内温度波动在±0.3℃，满载时温度波动±0.05℃，保证了冰温储藏的羊肉 45 天仍能基本保持原有鲜度，提升了羊肉品质并有效延长了产品的货架期。

第三节　羊肉熟制加工技术

一、羊肉脱膻法

羊肉的气（或膻）味是羊肉的质量指标之一，是广大消费者十分重视的。我国北方广大牧区或农牧结合区的牧民和城乡居民长期以来有喜食羊肉的习惯，对羊肉的膻味也习以为常。但是，江南一带的城乡居民就不尽然了，一些人不习惯食羊肉，更不喜欢闻羊肉的膻味。这严重影响了羊肉的商品竞争能力。羊肉致膻物质的化学成分主要存在于脂肪酸中，起关键作用的成分是低碳链的游离脂肪酸，即 C6（己酸，俗名羊油酸）、C8（辛酸，俗名羊脂酸）、C10（癸酸，俗名羊腊酸）。

采用适量的料酒、香醋、葱、蒜、丁香、紫苏等香料，让调料中的醇、酸、酚、酮等成分与致膻成分的脂肪酸反应，从而达到去腥除膻的目的。具体做法如下：①山羊肉与萝卜、大葱、红辣椒或红枣加水共煮后，弃去萝卜和水，再行烹调，膻味即可大减。②羊肉与大蒜、辣椒、板栗、醋等同煮，亦有解膻效果。③用枸杞子、芹菜、β-环状糊精配成腌制液对羊肉进行腌制，去膻效果良好。④煮羊肉时放少许橘子皮或五六粒绿豆，不但能去膻，还能使味道更加鲜美。⑤煮羊肉时放两三颗带壳核桃或几颗山楂，既能除去膻味，又能使羊肉熟得快。⑥做羊肉煲类菜时，配以适量的马蹄、竹笋等植物性原料，不仅可调配营养，增加美味，亦能有效地去除羊肉膻味。这是因为原料中的有机酸、植物碱与呈味成分反应，从而去膻。⑦一般对于做煲类羊肉宜切成3厘米左右见方的小块，加姜、葱、料酒用旺火煮制。如切成大块，既不便于羊肉块中心异味的去除，亦不便于羊肉的入味和成熟。⑧对于加工成薄片的羊肉，则多辅以碱性的苏打粉腌渍薄片，使之滑嫩。这是通过碱与酸（羊肉中的游离脂肪酸）中和反应除其膻味。

二、酱制品的加工

酱制品肉质细嫩，香气馥郁，味美可口。因大部分产品具有五香味，常常冠以“五香”二字，如五香酱羊肉等。

（一）五香酱羊肉

1. 配方（以50千克羊肉下料）　花椒100克，大料100克，桂皮150克，小茴香50克，丁香50克，草果50克，砂仁35克，大葱500克，豆蔻20克，鲜姜250克，白砂糖100克，大盐2.5~3.0千克（此为第1次加盐量，以后根据情况适当增补）。将各种香辛调味料放入宽松的纱布袋内，扎紧袋口，但不宜装得太满，以免香料遇水胀破纱袋，影响酱汁质量。大葱和鲜姜另装一个料袋，因这种料一般使用1次。

2. 糖色的加工过程　用一口小铁锅，置火上加热。放少许油，使其在铁锅内分布均匀。再加入白砂糖，用铁勺不断推炒，将糖炒化，炒至泛大泡后，又渐渐变为小泡。此时，糖和油逐渐分离，糖汁开始变色，由白变黄，由黄变褐，待糖色变成浅褐色的时候，马上倒入适量的热水熬制一下，即为“糖色”。糖色均口感应是苦中略带一点甜，不可甜中带一点苦。

3. 加工工艺

（1）原料的选择：酱制羊肉，合理选择原料十分重要，选用卫生检验合格的羊肉，以肘子、五花等部位为佳。

（2）原料的整理：首先去掉羊肉身上的杂骨、碎软骨、淋巴、瘀血、杂污及板油等，切成500~1 000克的小块，放入有流动自来水的容器内，浸泡4小时左右，泡去一些血。捞出控净水分，以备入锅酱制。

（3）酱制：酱肉制作的关键在于能否熟练地掌握好各个环节及其操作方法。主要掌握好酱前预制、酱中煮制、酱后出锅这三个环节。①焯水。焯水是酱前预制的常用方法，目的是除去污和腥、膻、臊异味。所谓焯水，就是将准备好的原料肉投入沸水锅内加热，煮至半熟或刚熟的操作。原料肉经过这样的处理后，再入酱锅酱制。其成品表面光洁，味道醇香，质量好，易保存。操作时，把准备好的料袋、盐和水同时放入铁锅内，烧开、熬煮。水量要一次掺足，不要中途加凉水，以免使原料因受热不均匀而影响原料肉的水煮质量。一般控制在刚好淹没原料肉为好，控制好火力大小，保持液面微沸。要根据需要，视原料肉老嫩，适时、有区别地从汤面沸腾处捞出原料肉（要一次性地把原料肉同时放入锅内，不要边煮边捞，又边下料，影响原料肉的鲜香味和色泽）。再把原料肉放入开水锅内煮40分钟左右，不盖锅盖，随时撇出油和浮沫，煮后捞出放入容器内，用凉水洗净原料肉上的血沫子和油脂。同时把原料肉分成肥瘦、软硬两种，以待码锅。②清汤。待原料肉捞出后，再把锅内的汤过一次箩，去尽锅底和汤中的肉渣，并把汤面浮油用铁勺撇净。如果发现汤要沸腾，适当加入一些凉水，不使其沸腾，直到把杂质、浮沫撇干净，观察汤呈微青的透明状，清汤即可。③码锅。原料锅要刷洗干净，不得有杂质、油污，并放入1.5~2.0千克的净水，以防干锅。用一个约40厘米直径的圆铁箅垫在锅底上，然后再用20厘米×6厘米的竹板（羊下巴骨、扇骨也可以）整齐地码垫在铁箅上。注意一定要码紧、码实，防止开锅时沸腾的汤把原料肉冲散，并把经热水冲洗干净的料袋放在锅中心附近，注意码锅时不要使肉渣掉入锅底。把清好的汤放入码好原料肉的锅内，并漫过肉面，不要中途加凉水，以免使原料肉受热不均匀。④酱制。码锅后，盖上锅盖，用旺火煮2~3小时。然后打开锅盖，适量放糖色，达到枣红色，以补救煮制中的不足。等到汤逐渐变浓时，改用中火焖煮1小时，用手触摸肉块是否熟软，尤其是腱膜。从锅内捞出的肉汤，是否黏稠，汤面是否保留在原料肉的1/3，如果达到以上标准，即为半成品。⑤出锅。达到半成品时应及时把中火改为小火，小火不能停，汤汁要起小泡，否则酱汁出油。出锅时将酱肉块整齐地码放在盘内，然后把锅内的竹板、铁箅、铁筒取出，改用微火，不停地搅拌汤汁，始终保持汤汁有小泡沫，直到黏稠状。如果颜色浅，在搅拌当中可继续放一些糖色，使成品达到栗色，然后赶快把酱汁从铁锅中倒出，放入洁净的容器中，继续用铁勺搅拌，使酱汁的温度降到50~60℃，不要抹，要点刷在酱肉上，晾凉即为酱肉成品。如果熬酱汁把握不大，又没老汤，可用羊骨和酱同时酱制，并码放在原料肉的最下层，可解决酱汁质量或酱汁不足的缺陷。

（二）北京酱羊肉

1. 配方（按50千克羊肉计算）　干黄酱5千克，小茴香25克，食盐1.75千克，丁香50克，大料200克，肉桂100克，白芷25克，陈皮50克，甘草25克，花椒50克，山柰25克。

2. 加工工艺

（1）原料：选择与修整选用经兽医卫生检验合格的新鲜羊肉，去掉脏污、杂质后用水冲洗干净，切成750克左右的方肉块，控净血水，以待下锅煮制。

（2）煮制：将黄酱在锅内化开调匀，开锅后打酱，放好垫锅箅子，把羊肉按老嫩，先放吃火大的，后放吃火小的，用旺火煮60分钟。

（3）焖煮：汤开锅后打泛，即用小笊篱和小勺把血沫撇净，然后投入辅料，对上老汤，压好压锅箅子，待汤沸腾后，改用文火焖煮。

（4）翻锅：羊肉在焖煮过程中每隔60分钟翻1次锅，羊肉翻锅1~2次，翻锅后仍将锅盖盖好。

（5）出锅：羊肉煮3~4小时，酱肉就可以出锅了。出锅时要用筷子试探酱肉的成熟程度，不熟的要回锅继续煮。成熟的酱羊肉捞出及时送到晾肉间，晾凉即为成品。

3. 质量标准 酱羊肉要煮熟煮透。酱羊肉颜色为棕红色。不牙碜，无毛，无辅料渣，无膻味，略有弹性，酥软可口，香味宜人。

（三）北京麻辣羊肉

北京的麻辣羊肉不同于四川风味的麻辣肉。四川的麻辣肉麻辣味强烈，而北京麻辣羊肉照顾了北方人的口味特点，放入适量辣椒，达到辣香味美即可。

1. 配方（按50千克原料肉计算） 精盐2.5千克，丁香25克，白糖1千克，豆蔻25克，植物油7.5千克，花椒75克，黄酒750克，鲜姜250克，大料100克，硝酸钠25克，砂仁25克，辣椒面500克。

2. 加工工艺

（1）原料：选择与修整选用经兽医卫生检验合格的新鲜羊肉，去除杂质、血污等忌食物，分割成500克左右的方块，用清水洗净。

（2）腌制：把切好的羊肉块用干腌法腌制。先将精盐和硝酸钠拌均匀，洒在羊肉上，揉搓均匀后放入容器内，冬季腌24小时、夏季腌12小时以上，中间要进行翻拌。

（3）紧肉：羊肉腌好后，捞出准备下锅。先将大锅内放入清水，用旺火烧开，放入羊肉，仍用旺火烧30分钟，然后打泛。随后将羊肉捞出，放在屉里，控净汤。

（4）过油：将植物油倒入油锅内，用旺火把油烧至八成热时把控净汤的羊肉放进油锅，炸2分钟左右，炸至颜色焦黄即捞出，放回原锅内。过油时一次放入油锅的羊肉不能太多，以一屉10千克左右为限，因为一次放进太多会使油温急剧下降，油温回升慢，既费油又不易上色。

（5）焖煮：在羊肉过油时，原锅的汤仍然要保持开锅。随炸随放回锅内，肉放完后，投入辅料（花椒后下），用旺火烧使汤沸腾，盖好压锅箅子，加入回锅油，改为文火焖煮。

（6）翻锅：羊肉焖煮40分钟左右，就要进行翻锅，同时把老的、吃火大的肉放在开锅头上。翻完锅后仍将压锅箅子盖好焖煮。临出锅前60分钟放入花椒。大约煮2小时即可出锅。中间翻锅1~2次。

（7）出锅：首先检查羊肉是否煮熟。麻辣羊肉对火候要求较高，先旺火后文火必须一次煮熟。用筷子戳肉时，感到肉质松软，可以从容插进，内外一致，并富有弹性时说明羊肉已经熟透，可以出锅。用笊篱把汤锅里的羊肉捞起轻轻地放在屉里，去掉羊肉上的辅料渣。因为羊肉熟透后容易散碎，必须轻拿轻放以保证羊肉的完整。控净汤后，送到晾肉间晾凉即为成品。羊肉出锅后，要把汤锅中的油倒在容器内，一部分作食用油、一部分回锅使用。

3. 质量标准　麻辣羊肉要煮熟煮透，无煳焦和辅料渣，颜色为枣红色，表面油光、有弹性，肉块整齐不散不碎不塌锅，醇香麻辣，色香味形俱佳。

三、熏烤制品的加工

（一）烤羊肉

烤羊肉加工新工艺是以后腿羊肉为原料，采用盐水注射、真空滚揉的西式先进工艺与技术，辅以滋补强身的药食兼用中草药成分，再经烧烤、真空包装和杀菌等工序精心研制的一种食用方便、营养丰富、可储性佳的新型工艺。

1. 工艺流程 盐水注射→真空滚揉→蘸料→穿钩挂架→烧烤→冷却→真空包装→杀菌→检验→成品。

2. 配方（以50千克羊肉计算）

（1）腌制液配方：食盐1.25千克，草果150克，焦磷酸钠60克，三聚磷酸钠60克，六偏磷酸钠20克，砂仁100克，大料50克，花椒100克，白糖100克，葡萄糖25克，白酒350毫升，抗坏血酸钠20克，生姜200克，烟熏液100克，水10千克。

（2）蘸料配方：辣椒粉200克，孜然粉200克，小茴香粉100克，味精100克。

3. 加工工艺

（1）原料选择与整理：选择合格的羊后腿，修去表面筋膜，清水漂洗除尽血水，捞出沥干水分。切成1.5千克左右的大块。

（2）腌制液配制：腌制液需提前1小时配好，配制时要严格按照配制顺序进行。顺序是：磷酸盐→葡萄糖→香辛料水（煮沸10分钟冷凉）→精盐→亚硝酸盐、抗坏血酸钠→烟熏液等。每种添加料都要待完全溶解后再放入另一种，待所有添加料全部加入搅拌溶解后，放入4~5℃的冷库内备用。

（3）盐水注射：将整理好的肉块，用盐水注射机注射腌制液。注射针应在肉层中适当地上下移动，使盐水能正常地注入肉块组织中。操作时尽可能注射均匀，盐水量控制在肉重的10%~15%。

（4）真空滚揉：通过滚揉，能促进腌制液的渗透，疏松肌肉组织结构，有利于肌球蛋白溶出，并且由于添加剂对原料肉离子强度的增强作用和蛋白质等电点的调整作用，从而提高制品的出品率，改善制品的嫩度和口感。将滚揉机放在0~3℃的冷库中进行，防止肉温超过10℃，一般采用间歇式滚揉，即滚揉10分钟，停机 20 分钟，滚揉总时间 10 小时。

（5）蘸料：将所配制的蘸料均匀地撒在每块肉上。

（6）烧烤：将蘸好料的肉块一一穿在钩架上，挂入烤架进行烤制，温度 130~140℃，时间 50 分钟。

（7）真空包装、杀菌：冷却后的烤羊肉用蒸煮袋进行真空包装（200 克/袋），低温二次杀菌，即 85~90℃ 煮制 30 分钟，急速冷却 30 分钟，再次在 85~90℃ 水中杀菌 30 分钟。

4. 产品特点　该产品色泽红润，香味浓郁，兼具腌腊、烧烤风味，新颖别致，同时由于采用先进的西式技术与工艺，产品柔软多汁。

（二）烤羊肉串

羊肉串是深受人们欢迎的风味小吃，烤好的羊肉串色泽棕黄，肉嫩味香，鲜美可口。

1. 配料　食盐和酱油各为原料肉重的 0.20%~0.30%，五香粉、辣椒面、胡椒粉适量。为了除去羊肉特有的气味，可加入适量的大枣与板栗煮制。

2. 加工工艺

（1）选料与处理：选取胸肩、背腰、臀腿等肉层较厚部位的瘦肉，剔除筋腱及碎骨，切成厚 0.2~0.5 厘米大小一致的薄片，用竹竿或钢钎串成整齐的肉串，每串 8~10 片。

（2）腌制：将串好的羊肉串浸泡于混合好的配料中，经数次翻动即可。

（3）烧烤：烧烤分炭火和电热炉两种烧烤法。

1）炭火烧烤：将腌好的羊肉串置炭火上，视炭火强度与羊肉串变熟程度，随时调整翻动，一般 3 分钟即可烤好，然后将孜然粉、辣椒粉、精盐、味精等佐料均匀撒在羊肉串上，再稍加烧烤便可食用。

2）电热炉烧烤：将腌好的羊肉串胚竖挂于烤排上，每烤排可挂 8~10 串，再将挂好羊肉串的烤排送入炉内，每炉 8~10 排，一般 5 分钟便可烤好。烧烤过程中只需抽查变熟情况，无须翻动和调换位置。此法较炭火烧烤更符合卫生要求。

（三）北京烧全羊

1. 配方（按 30 千克羊肉计算） 干黄酱 6~7.5 千克，甘草 25 克，大盐 700 克，砂仁 150~200 克，大料 150 克，丁香 150~200 克，口蘑 100 克，肉桂 150~200 克，花椒 70 克，陈皮 150~200 克，冰糖 150 克，白芷 150~200 克，鲜姜 150 克，大葱 70 克。

2. 加工工艺

（1）原料选择：选用 1~2 岁、重 20~25 千克的肉羊，取其肥嫩部位。

（2）修割整理：首先将屠宰后的羊肉洗净，切成 2.5~3.0 千克的肉块。头蹄用沸水浇烫后去毛，小毛再用火烧，洗净。肚肠洗净后用沸水烫掉表皮，使其变成白色，随用滚开水将肚肠束紧一下。羊肝、羊尾洗干净下锅，用旺火煮 30 分钟撇去血沫。

（3）煮制：每煮 30 千克羊肉放清水 50 千克，把黄酱下锅（陈汤多即可少放），水将沸时用柳条笊篱轻捞浮沫和杂质，20 分钟后，倒入布口袋里将汤滤入桶中（以上过程俗称“吊汤”）。将桶中的一半酱汤倒入大锅里煮沸，再将切好的羊肉一块一块陆续放进（水开后放一块，再开，再放一块，不能一次放入）锅内。约煮 30 分钟后，翻锅，放入大料、口蘑、花椒、冰糖、鲜姜、大葱和甘草，再煮 30 分钟（这一阶段俗称“紧肉”）。把羊肉捞出，用碎骨垫锅底，再把羊肉码在锅中，并将羊头、羊蹄、羊蝎子（即羊尾部）、羊肚、羊肺、羊肠等按层次码好。每码一层，放一次细料，即砂仁、丁香、肉桂、陈皮、白芷混合香料面。码好后把羊脊骨压在上面，再用竹板压住，板上放一盛满水的盆或用重物压住。此时锅内放入大盐。旺火煮 2 小时，陆续将桶里留下的酱汤一勺一勺地对入（开一次锅对一勺，至煮好为止）。然后换微火煮2小时，取出晾凉，放入冰箱中，吃时再炸。在操作过程中，主要应注意掌握好火候。

（四）内蒙古烧羊肉

1. 配方（按50千克羊肉计算） 花椒50克，口蘑200克，大茴香150克，山柰100克，白芷50克，酱油5千克，丁香100克，大盐1.5千克，砂仁0. 25克，大葱500克，豆蔻0.25克，鲜姜200克，草果50克。

2. 加工工艺

（1）原料选择与修整：选用经卫生检验合格的羊的前部肌肉，切成500克左右的大块，修净脏污后用清水拔泡30分钟左右，取出冲洗干净。

（2）煮制：将原料肉放进锅内，加老汤烧开，撇净浮沫，旺火煮30分钟后放入辅料袋，再用旺火煮60分钟后放入酱油和盐，改用文火焖煮。翻锅2~3次。羊肉煮到八成熟后出锅，控净汤汁，逐块放入油锅炸至金黄色即为成品。

3. 质量标准 烧羊肉外焦里嫩，柔韧爽口，味道醇香，无膻味。夏季食用尤为味美。

四、腌腊制品的加工

（一）西安腊羊肉

1. 配方（按100千克羊肉计算） 食盐2.5~3.0千克，草果25克，小茴香250克，花椒150克，大茴香50克。

2. 加工工艺

（1）腌制：选用卫生检验合格的羊肉切成1.5~2.0千克重的肉块，剔去骨头准备腌制。冬季每50千克加盐500克，夏季20千克加盐500克，放水量以淹没羊肉并能搅动为准。每天用木棍搅翻羊肉4~5次，夏季要随时勤加搅翻。一般冬季腌制7

天，夏季腌制 1~2 天，即可出缸。随肉出缸后控净血水和盐水后用清水冲洗一遍，以保证羊肉的清洁。

（2）煮制：将辅料袋和羊肉一块下锅，用清水煮制，待开锅后及时撇净血沫。60 分钟翻一次锅，肉熟出锅时用锅内热汤把羊肉上的浮油冲刷干净。

（二）西式腊羊肉

西式腊羊肉是将传统工艺与现代化工艺技术有机结合而生产的一种腌腊制品。本产品香味浓郁、色泽鲜艳、肉质细嫩，可以冷食，改变了长期以来羊肉不能冷食的习惯。

1. 工艺流程 腌制液→选料→清洗→切块→盐水注射→真空滚揉→煮制→真空包装→高压杀菌→成品。

2. 配方（按 50 千克羊肉计算）

（1）腌制剂配料：食盐 1.25 千克，白糖 600 克，葡萄糖 240 克，焦磷酸钠 50 克，三聚磷酸钠 100 克，六偏磷酸钠 50 克，枸橼酸钠 50 克，亚硝酸钠 3 克，花椒 56 克，辣椒 40 克，生姜 40 克，葱 50 克，味精 75 克，水 10 千克。

（2）煮制液配方：丁香 10 克，砂仁 20 克，草果 20 克，花椒 66 克，大料 25 克，小茴香 50 克，陈皮 20 克，辛夷 30 克，味精 100 克，白酒 132 毫升，食盐 1.2 千克（第一次煮制时加入量，以后酌情增加）。

3. 加工工艺

（1）原料的选择与整理：原料应选择经兽医卫生检验符合要求的羊后腿肉。除去硬筋、肉层间的夹油、粗血管和软骨、碎骨、瘀血、淋血等，使之成为纯精瘦肉。沿着肉纤维平行的方向切成 1~2 千克的小块，对肉块厚的从中间再划开，避免腌制时因肉块过大而腌不透，产生“夹心”。

（2）盐水注射：用盐水注射机，把 2~4℃配制好的盐水强行注入肉块内，盐水的注射量，一般控制在 15%~20%，注射后剩余的盐水可倒入滚揉机中。注射工作应在8~10℃的冷藏间进行。

（3）滚揉：滚揉机应放在1~4℃的滚揉间，一是为了防止肉在滚揉中微生物的繁殖而造成肉的腐败；二是在此温度下容易出现腌制风味。滚揉方式为每转10分钟，停机20分钟，全部时间10小时。将最厚的肉块用刀切开，检查是否全部腌透，若呈一致的玫瑰红色，中心没有暗褐心，即可停止滚揉。

（4）煮制：将夹层锅内的水烧开（有老汤的加入老汤），放入腌制好的原料羊肉和辅料袋，大火再次让锅烧开，保持20分钟，期间不断撇净浮沫，改用小火煮制40分钟，中间翻锅2~3次，待羊肉煮到八成熟后出锅，控净汤汁，冷却30分钟后，准备包装。

（5）切块、包装：按每袋的净含量准确称取，抽真空包装。

（6）高压灭菌：灭菌公式为10′- 30′- 10′/121℃，反压冷却，经保温试验后，套外袋即为成品。

（三）低温五香羊肉

1. 配方（按50千克羊肉计算）

（1）腌制剂配料：食盐1.25千克，白糖400克，葡萄糖200克，焦磷酸钠50克，三聚磷酸钠100克，六偏磷酸钠50克，枸橼酸钠50克，亚硝酸钠3克，花椒76克，生姜100克，葱50克，味精75克，水10千克。

（2）煮制液配方：丁香15克，砂仁20克，草果25克，花椒80克，大料25克，小茴香50克，陈皮20克，味精80克，白酒100毫升，食盐1.2千克（第一次煮制时的加入量，以后酌情增加）。

2. 工艺流程　腌制液→选料→清洗→切块→盐水注射→真空滚揉→煮制→真空包装→→低温杀菌→成品。

3. 加工工艺　将冷冻羊肉解冻后，剔去骨、修去脂肪和粗大的结缔组织。按部位切成大小、厚度基本一致的薄肉块，用盐水注射机将事先配好的腌制液注入肉块中，注射腌制液量占肉重的10%~15%。注射时针头缓慢移动，盐水要均匀地注射到肌肉组织中。注射后的肉块放入转速为30转/分的滚揉机中，间断性地真空滚揉10分钟；滚揉机必须放在0~4℃的冷却室内。待腌制成熟后，放入夹层锅中煮制1小时，切块称重装袋，用真空封口机密封后，进行低温杀菌，杀菌后检验，加外包装入库。

五、干制品的加工

（一）羊肉脯

肉脯为中式传统肉制品，色泽呈棕红色，具有味道鲜美、芳香浓郁、余味无穷等特点。

1. 配方

（1）配方Ⅰ（果味）：羊肉50千克，亚硝酸钠7.5克，食盐800克，酱油2千克，白糖10千克，水20千克，番茄500克，鸡蛋1千克，香辛料适量。

（2）配方Ⅱ（五香味）：羊肉50千克，食盐650克，生抽王1 000毫升，白糖6千克，葡萄糖1千克，味精400克，亚硝酸钠7.5克，白酒200毫升，山柰粉30克，砂仁粉25克，绿豆水20千克。

2. 工艺流程 羊瘦肉→绞碎→斩拌→腌制→铺片→定型→烤制→压平、裁片→包装。

3. 操作要点

（1）原料预处理：将合格鲜羊肉进行人工剔骨处理，除去骨骼、皮下脂肪、筋膜、淋巴等，将纯羊肉放入清水中浸泡2小时以上，除去血污，洗净晾干。

（2）拌馅：根据配方准确称量，鸡蛋去壳拌匀，磷酸盐用少量热水溶化，加入亚硝酸钠，再加入其他调味料和香辛料粉。

然后将绞碎羊肉放入斩拌机内进行高速斩拌，加入配好的辅料斩成肉糜。在2~4℃条件下腌制2小时。

（3）铺片、成型：将肉糜在竹片上铺成厚度为1.5~2毫米的薄片，放在不锈钢架上推进蒸汽烘房内进行烘烤，在70~75℃下恒温烘烤2~3小时，当表皮干燥成膜时，剥离肉片并翻转，再在温度为60~65℃条件下烘烤2小时，即为半成品

（4）远红外烘烤成熟：将半成品放入200~220℃的远红外高温烘烤炉中烘烤1~2小时，让半成品在炉中经过预热、收缩、出油三个阶段烘烤成熟，颜色变成红色、有光泽。出炉后的大片肉脯，立即用压平机平整，并按规格用切块机切成6厘米×4厘米的长方块。运入无菌冷却包装间进行包装。

（二）羊肉松

1. 配方 羊瘦肉100千克，食盐2.0千克，酱油4.0千克，白糖4.0千克，生姜0.5千克，白酒1.0千克，味精0.17千克，砂仁100克，胡椒75克。

2. 工艺流程 原料肉的选择与处理→加辅料煮制→高压蒸煮→炒压→冷却→检验→包装

3. 操作要点

（1）原料肉的选择与处理：选用经检验合格的新鲜羊后腿肉为原料，先剔去骨、筋腱、脂肪和瘀血等，再将瘦肉切成3~4立方厘米的方块。

（2）煮制：将切好的瘦肉块和生姜、香料（用纱布包起来）放入锅中，加入与肉等量的水，用大火煮0.5~1小时，期间不断撇去上浮的油沫，但不必加水，当肉汤快干时，可将其他调料全部加入，继续煮制，直到汤煮干为止。

（3）高压蒸煮：将汤收干的肉放入高压灭菌锅内，控制压力0.12兆帕，时间20~30分钟，经过高压蒸煮工艺后的肉已非常酥烂，当用筷子夹住肉块时，稍加压力，肉纤维就自行散开。

此工序一定要控制好压力和时间，肉过分酥烂成为肉泥状，难以进行下一步的炒压工序。

（4）炒压：取出生姜和香料袋，采用中等火力，用锅铲一边压散肉块，一边翻炒。炒时，特别要注意火候，同时不停地翻动，以免把肉松烧焦，直至最后肉松成为淡黄色、香、酥、脆为止。

（三）羊肉松（咖喱味）

1. 配方 羊瘦肉 25 千克，砂仁 20 克，草果 100 克，丁香 100 克，生姜 600 克，食盐 700 克，酱油 1 500 毫升，白糖 4 千克，味精 350 克，抗坏血酸钠 10 克，白酒 500 毫升，咖喱粉 300 克，孜然粉 20 克。

2. 操作要点

（1）原料肉的选择和处理：选瘦肉多的羊前后腿肌肉为原料，剔去骨头，去掉脂肪、筋腱，顺着肌纤维方向切成条状。

（2）煮烂：锅内放入与肉等量的水，将生姜和香辛料用纱布包起放入锅中，待水开后煮 30 分钟，再将切好的瘦肉条投入锅中，先用大火煮 40 分钟，期间不断撇去上浮的油沫，然后盖上锅盖并加以密封，文火焖煮，直到煮烂为止，大约需要 4 小时。检查肉是否煮烂，其方法是用筷子夹住肉块，稍加压力，如果肉纤维自行分离，可认为肉已煮烂。

（3）撕松：将煮烂的肉条从锅中捞出，放在消过毒的案板上，趁热用木槌敲打，肌纤维自行散开，如遇到散不开的，用手撕开。

（4）撇油：尽管在原料整理时已修净脂肪，但仍有少量脂肪及肌间脂肪存在。因为油的存在容易使肉松在炒制期不易炒干，所以要进行撇油工序。具体方法是：将撕开的肉松投入锅中，加入肉量 2 倍的水，大火煮开，油自然浮于表面，这时撇去上层汤油，即可除去多余的油滴。

（5）收汤：撇过油的肉丝加肉重1/2的肉汤，继续煮制，采用中等火力，期间加入酱油、食盐、醋、味精和白酒，取出香料袋，用锅铲一边压散肉块，一边翻炒，待汤汁收完后，放入炒松机中炒制。

（6）炒松：用炒松机进行，炒松机有立式和卧式两种，热源是煤气、电或蒸汽。炒松机的锅在转动的同时将其中的肉丝炒干。如是立式锅，锅在转动的同时，轴部有沿锅底转动的刮刀，以防肉丝粘锅。

（7）搓松：用搓松机进行，当肉松的颜色由灰棕色变为金黄色，成为具有特殊香味的肉松时即可。

（四）风味羊肉干

1. 配方　不同风味系列羊肉干辅料配比见表7-7。

表7-7　不同风味系列羊肉干辅料配比（单位：千克）

辅料／味型	食盐	酱油	白糖	白酒	味精	丁香	小茴香	大葱	生姜	辣椒粉	五香粉	胡椒粉	咖喱粉
五香型	2.5	5.0	3.5	1.0	0.1	0.5	0.2		2.0		0.4		
麻辣型	2.0	4.5	1.5	1.0	0.1	0.5	0.2	1.0	2.0	2.5		0.3	
咖喱型	3.0	4.0	12	2.0	0.5	0.5	0.2						2.0

注：按100千克原料羊肉计。

2. 工艺流程　原料→分割整理→清洗→预煮→冷却→切丁（条）→加汤复煮→高压蒸煮→烘烤→冷却→检验→包装→成品。

3. 加工工艺

（1）选用新鲜的羊肉，以前后腿的瘦肉为佳。先将原料肉的脂肪和筋腱剔去，然后洗净沥干，切成0.5千克左右的块。

（2）将肉块放入锅中，用清水煮开后撇去肉汤上的浮沫，煮制10～15分钟后捞出冷却，然后将肉切成1.5立方厘米的肉丁。

（3）取部分原羊肉汤加入调料煮沸 10 分钟，再加入切好的原料肉丁先用大火煮制 20～30 分钟，然后改文火煮，待汤汁快干时改为大火。将肉取出放入高压锅内，压力为 0.12 兆帕，蒸煮 10～15 分钟；取出后，根据风味不同分别拌入咖喱粉、辣椒粉和五香粉，平铺于烘烤箱的铁丝网上烘烤 3～4 小时，温度控制在 60～70℃，同时应经常翻动肉干，直到不黏手，表里都干燥后取出冷却，用塑料袋包装。

4. 注意事项

（1）煮汤快干时，要经常翻动，防止锅底部肉烧焦。

（2）高压蒸煮时，注意控制压力和时间，防止肉丁过分酥烂，影响外形。

（3）烘烤温度不宜超过 70℃。

六、发酵羊肉制品的加工

（一）发酵山羊肉

1. 配方 羊肉 100 千克，白糖 5 千克，精盐 2 千克，曲酒（60 度）3 千克，亚硝酸钠 15 克，白酱油 1 千克，葡萄糖 1.5 千克，味精 0.1 千克，冰水适量。

2. 工艺流程 羊肉→解冻→清洗→绞碎→腌制→拌馅→添加工作发酵剂→灌装→发酵→烘烤→成熟。

3. 操作要点

（1）菌种活化：选用植物乳酸杆菌和乳脂链球菌，将其充分活化后，按 1∶1 比例混合转入 MRS 液体培养基中，在 30～32℃，经 20～24 小时培养后，制成工作发酵剂，发酵剂的菌数含量为 10^7 个/毫升，备用。

（2）接种拌料：将制备好的工作发酵剂接种于拌好的羊肉馅中。接种量按羊肉重的 2%进行接种。接种后，搅拌均匀。

（3）灌装：将搅拌均匀的羊肉料灌装于羊肠衣中，灌紧装实，粗细均匀，按每节18~20厘米长打结，用温水冲去肠体表面油污。

（4）发酵：将灌好后的湿香肠置于32~35℃，相对湿度80%~85%的发酵室内发酵24~30小时，当pH值达到5.0~5.2时即可终止。

（5）烘烤：将发酵后的肠体，送到45~50℃的烘箱，烘烤8~10小时。此时肠体表面干燥，色泽呈灰白色略带粉红色。取出后，挂于稍干燥的10℃储藏室内，待冷却后，用塑料袋真空包装即为成品。

（二）发酵羊肉香肠

1. 配方　羊肉100千克，白糖5千克，精盐2千克，曲酒（60度）3千克，大蒜1千克，胡椒粉0.3千克，维生素C 0.08千克，亚硝酸钠15克，β-环状糊精1千克，味精0.1千克，冰水适量。

2. 工艺流程　羊肉→解冻→清洗→腌制→斩拌→添加辅助材料→添加工作发酵剂→灌装→发酵→烘烤→成熟。

3. 加工工艺

（1）羊肉的选择：选择经兽医卫生检验合格的羊后腿肉，修净筋腱、污物，瘦肉和脂肪的比例是9∶10。

（2）斩拌：将羊肉放入斩拌机内斩碎，斩拌的越细，蛋白质的提取会更完全，产品的切片性会更好，斩拌时应加入适量的冰水，以降低斩拌温度（10℃以下），控制杂菌的增殖。

（3）接种拌料：先将植物乳杆菌和啤酒球菌的菌种分别接种在固体斜面MRS培养基上活化两次后，转入MRS液体培养基中，在30~32℃，经20~24小时培养后，分别接种于斩拌好的羊肉糜中。发酵剂的菌数含量为10^7个/克，接种量按羊肉重的2%进行接种。接种后，搅拌均匀。

（4）灌装：将搅拌均匀的羊肉糜料灌装于羊肠衣中，灌紧装实，粗细均匀，按每节 18～20 厘米长打结，用温水冲去肠体表面油污。

（5）发酵：将灌好后的湿香肠置于 32～35℃，相对湿度 80%～85%的发酵室内发酵 20～24 小时，当 pH 值达到 5.0～5.2 时即可终止。

（6）烘烤：将发酵后的肠体，送到 55～60℃的烘箱，烘烤 8～10小时。此时肠体表面干燥，色泽呈灰白色略带粉红色。取出后，挂于稍干燥的 10℃储藏室内，待冷却后，用塑料袋真空包装即为成品。

主要参考文献

[1] 赵有璋．羊生产学［M］.2版．北京：中国农业出版社，2002.

[2] 张英杰．羊生产学［M］．北京：中国农业大学出版社，2010.

[3] 李金泉，张燕军．肉羊安全生产技术指南［M］．北京：中国农业出版社，2012.

[4] 李观题，李娟．标准化规模养羊技术与模式［M］．北京：化学工业出版社，2012.

[5] 张俊，宋海军，李晓东．肉羊［M］．北京：中国农业大学出版社，2005.

[6] 陈明新，李晓锋．新编羊病防治手册［M］．武汉：湖北科学技术出版社，2009.

[7] 田树军，王宗仪，胡万川．养羊与羊病防治［M］.2版．北京：中国农业大学出版社，2004.

[8] 张居农，剡根强．高效养羊综合配套新技术［M］．北京：中国农业出版社，2001.

[9] 岳文斌，任有蛇，赵祥，等．生态养羊技术大全［M］．北京：中国农业出版社，2006.

[10] 岳文斌，张春香，裴彩霞．肉羊生态养殖工程技术［M］．北京：中国农业出版社，2007.

[11] 王利红，张力．养殖场环境控制与污物治理技术［M］．北

京：中国农业出版社，2012.
[12] 云南省农家书屋建设工程领导小组．高效优质养羊新技术［M］．昆明：云南科技出版社，2010.
[13] 崔中林．无公害羊场环境与工艺［J］．乳业导刊，2004（11）：41-46.
[14] 陈银廷，梁亚军，熊建伟．山羊粪便的无害化处理与羊场环境污染的综合防制措施及技术［J］．畜牧市场，2005（8）：175-177.
[15] 王梅英．饲料生物性污染及其控制［J］．现代农业科技，2010（4）：368-369.
[16] 裴学义，杨海军，张建华，等．肉羊生态养殖技术及效益分析［J］．当代畜牧，2011（6）：7-9.
[17] 范景胜，王志全，熊朝瑞，等．浅谈肉羊规模化生态养殖模式及节能减排措施［J］．中国羊业进展．2011：150-153.
[18] 刘冬梅．加强小反刍兽疫防控力度　保障养羊业健康发展［J］．河南农业，2014（7）：54.
[19] 孙逢舟．浅谈小反刍兽疫防治技术［J］．畜牧兽医，2014（6）：145.
[20] 姜晓东，朱瑞良，李奕芙，等．规模化羊场免疫程序制定及保健策略［J］．山东畜牧兽医，2013（12）：48-49.
[21] 闫振富．羊免疫程序介绍［N］．河北科技报，2014-01-04（5）．
[22] 刘玲．肉类辐照保鲜技术的现状及前景［J］．肉类工业，2007（4）：40-42.
[23] 王立克．安徽江淮丘陵岗地肉羊生态养殖模式探讨［J］．中国草食动物，2008：22-23.
[24] 全国养羊生产与学术研讨会议论文集（2007—2008 年）

[J]. 中国草食动物.
[25] 王玉琴. 肉羊生态高效养殖实用技术 [M]. 北京：化学工业出版社，2014.
[26] 刘向阳，阎巧娟，韩鲁佳，等. 氨化秸秆饲料的质量评定 [J]. 中国农业大学学报，2002 (6)：49-53.
[27] 张建刚. 单细胞蛋白质饲料的开发及在动物生产中的应用 [J]. 饲料广角，2010 (21)：41-43.